高等学校电子信息类研究生系列教材

现代微波网络理论及其应用

张　厚　梁建刚　孙保华　编著

西安电子科技大学出版社

内 容 简 介

本书从微波网络的基本概念和基本特性入手,由浅入深、循序渐进地展开讨论。全书共分为五章:第一章讨论微波网络的分类、传输线及不连续性的网络等效、结果验证等基本概念;第二章对微波网络的参数及特性进行分析;第三章介绍微波网络分析的基本方法;第四章对网络综合进行阐述;第五章讨论双匹配网络的综合技术。

本书可作为高等学校工科电子类电磁场与微波技术专业、无线电物理专业及相近专业硕士研究生相关课程的教材或教学参考书,也可供从事微波技术和天线设计相关工作的工程技术人员参考。

图书在版编目(CIP)数据

现代微波网络理论及其应用/张厚,梁建刚,孙保华编著.—西安:西安电子科技大学出版社,2021.5(2022.5重印)
ISBN 978 - 7 - 5606 - 6063 - 9

Ⅰ.①现… Ⅱ.①张… ②梁… ③孙… Ⅲ.①微波技术—网络系统
Ⅳ.①TNO15

中国版本图书馆 CIP 数据核字(2021)第 079375 号

策　　　划	明政珠
责任编辑	买永莲
出版发行	西安电子科技大学出版社(西安市太白南路 2 号)

电　　　话	(029)88202421　88201467	邮　编	710071
网　　　址	www.xduph.com	电子邮箱	xdupfxb001@163.com

经　　　销　新华书店
印刷单位　西安日报社印务中心
版　　　次　2021 年 5 月第 1 版　2022 年 5 月第 2 次印刷
开　　　本　787 毫米×960 毫米　1/16　印张 9.25
字　　　数　161 千字
印　　　数　1001~1500 册
定　　　价　29.50 元
ISBN 978 - 7 - 5606 - 6063 - 9/TN
XDUP　6365001 - 2

* * * 如有印装问题可调换 * * *

前　　言

任何电磁问题的求解都可以归结为求解满足特定问题的边界条件下的麦克斯韦方程组，这就是所谓的求解电磁问题的场的方法。这种方法求解的是电磁问题各个区域中点的电磁场，关注的是细节，对于规则边界可以得到问题的解析解，但对于不规则边界则难以得到解析解，且求解过程复杂，难度大。微波网络是指具有若干输出、输入端口的任意形状及结构的区域，其内是由波导或传输线连接的微波元器件构成的功能性微波电路或系统。可见，微波网络作为一种路的方法，关注的是所求区域的外部特性，不需要知道其内部细节，这就避免了麦克斯韦方程组复杂的求解过程，为求解复杂电磁场和微波结构带来了极大的便利；特别是网络的参数可以测量这个特点，给工程设计和应用带来了极大的便利。

现代各类电子系统大量使用了用于检测、传输、处理信息或能量的微波电路，而现代微波网络理论主要研究微波电路的分析和设计方法，它与电磁场理论同为微波领域中的主要理论基础，主要包括网络分析和网络综合两大部分。

网络分析主要包括外部特性分析，求输入端口的激励与输出端口的响应两者之间的函数关系。频域分析法和时域分析法分别适用于微波网络的稳态特性分析和瞬态特性分析。

网络综合是在给定网络输入端口的激励和输出端口的响应特性的条件下，设计网络结构并确定其中各元件的参量。一般可袭用低频网络综合理论中的零点－极点法进行综合，然后对综合出的网络用微波结构加以实现；也可用级联网络的反射系数进行综合，如阻抗变换器和定向耦合器等。

本书是在作者多年教学经验和科研积累之上完成的，全书内容丰富翔实，图文并茂，主要包括微波网络的基本概念、网络参数及特性、网络分析与网络综合等内容。

由于微波网络涉及的技术领域和服务对象范围较广，相关的理论和技术发展迅速，加之编者水平有限，书中难免存在不妥之处，敬请广大读者批评指正。

编著者

2020 年 12 月

目　　录

第一章 概 论

本章首先介绍微波系统的组成、微波传输线及不连续性的网络化处理，最后给出几种结果验证的方法。

1.1 微波系统的组成

微波系统是指由微波传输线和微波元器件组成的系统，其作用是产生、转换和传输微波信号和功率。这里，微波传输线在广义上定义为能够无反射地传输电磁波的结构，所以它包含了各种各样的传输线，如双导线、同轴线、金属波导、介质波导、微带线、带状线等。

图 1.1-1～图 1.1-3 分别给出了典型的微波雷达系统、微波测试系统和微波通信系统框图。从这些系统可以看出，微波系统的组成从功能上划分为如下三个部分：

（1）无反射地传输微波信号和功率的装置，称为微波传输线。

（2）完成微波信号和功率的分配、控制和滤波等功能的装置，如隔离器、耦合器、分配器、滤波器、衰减器等，这些装置并没有进行微波能量与其他能

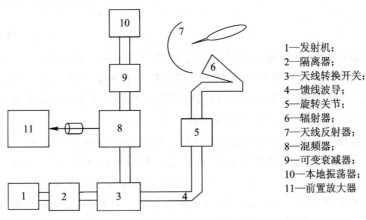

1—发射机；
2—隔离器；
3—天线转换开关；
4—馈线波导；
5—旋转关节；
6—辐射器；
7—天线反射器；
8—混频器；
9—可变衰减器；
10—本地振荡器；
11—前置放大器

图 1.1-1 微波雷达系统框图

量(如直流)的转换，所以常称为微波元件或微波无源器件。

（3）产生、放大、变换微波信号和功率的装置，如振荡器、放大器、变频器等，这些装置一般要将微波能量与其他能量进行转换，所以常称为微波有源器件。

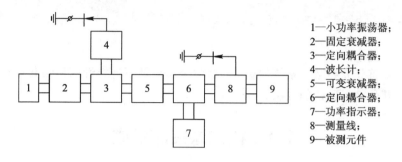

1—小功率振荡器；
2—固定衰减器；
3—定向耦合器；
4—波长计；
5—可变衰减器；
6—定向耦合器；
7—功率指示器；
8—测量线；
9—被测元件

图 1.1-2　微波测试系统框图

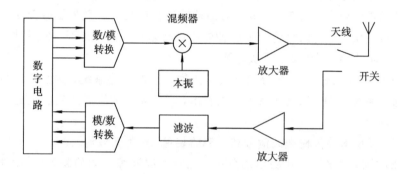

图 1.1-3　微波通信系统框图

微波元件的分析与设计就其本质而言是电磁场问题，所以最基本的方法就是求解电磁场方程。但是，在整体元件范围内求解电磁场方程是非常复杂的。人们为了简化分析和计算，发展了微波网络方法。微波网络理论是以微波系统、微波电路以及微波器件为对象，研究它们的特性，具有易于测量、运算简便和应用广泛等优点。微波网络理论是解决微波系统问题的关键方法，无论多么复杂的微波系统都可以用微波网络理论来分析。

任何微波元件都可以看作是由若干传输线和不连续性区域构成的，如图1.1-4(a)所示。微波网络方法首先将微波元件分解成由传输线和不连续性区域组成的微波电路，然后分别研究传输线和不连续性，传输线可以用特征参数表征，不连续性区域可以用网络参量关系表征，于是微波元件就等效为由传输线和不连续性子网络构成的大网络。在许多情况下，不连续性网络还可等效为集总参数电路，传输线本身也是一种特殊的网络。最后，就可以用电路理论分析和设计微波元件。微波网络方法把复杂的三维电磁场问题化繁为简、各个击破，最后将其变为一维电路问题，大大简化了分析与设计过程。

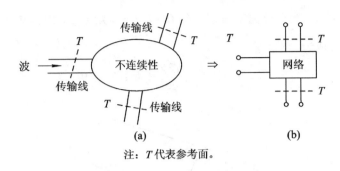

注：T 代表参考面。

图 1.1-4　微波元件及不连续性区域的处理

1.2　微波网络的分类

总体来讲，根据侧重点的不同，微波网络可以分为以下几种：

（1）从能耗来分，有无耗网络和有耗网络。这事实上也是一种研究的方法。对于损耗较小的网络来说，将问题模型简单化会给研究带来很大的方便。

（2）从端口来分，有单口网络（如天线）、双口网络和多口网络。在此主要讨论双口网络的特性。

（3）从网络本身具有的特性来分，有互易网络和非互易网络。在互易网络中，输入、输出互换位置后不变；将其表现在矩阵中，即 $S_{ij}=S_{ji}$。

（4）从增益方面来分，有有源网络和无源网络。具体来说，无源网络的增益是小于 1 的，有源网络则可以大于 1。

1.3　传输线的处理

1.3.1　横向问题和纵向问题

尽管传输线横截面的构成各不相同，传输的模式也不一样，但横截面沿纵向分布是不变的，于是，传输线问题可以分解为横向问题和纵向问题。

图 1.3-1 所示为柱形传输线。设 L 为某一模式电场或磁场的某一分量，在频域满足波动方程：

$$\nabla^2 \boldsymbol{L} + k^2 \boldsymbol{L} = 0 \tag{1.3.1}$$

式中，$k^2 = \omega^2 \mu \varepsilon$。利用分离变量法，令 $\boldsymbol{L} = \boldsymbol{L}_t(x,y)Z(z)$，因为 $\nabla^2 = \nabla_t^2 + \dfrac{\partial^2}{\partial z^2}$，则式(1.3.1)成为

$$(\nabla_t^2 \boldsymbol{L}_t)Z + \boldsymbol{L}_t \frac{\mathrm{d}^2 Z}{\mathrm{d}z^2} + k^2 \boldsymbol{L}_t Z = 0 \tag{1.3.2}$$

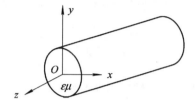

图 1.3-1　柱形传输线

于是

$$\nabla_t^2 \boldsymbol{L}_t + k_c^2 \boldsymbol{L}_t = 0 \tag{1.3.3}$$

$$\frac{\mathrm{d}^2 Z}{\mathrm{d}z^2} = \gamma^2 Z \tag{1.3.4}$$

式中，Z 表示纵向分量，$k_c^2 = k^2 + \gamma^2$。式(1.3.3)为二维波动方程，反映了传输线的横向问题。结合横截面的边界条件，由式(1.3.3)可以求得电磁波沿横向的分布。

一般来说，传输线的结构使得波不能沿横向传输，所以在横向场呈驻波分布。式(1.3.4)是一维波动方程，代表了传输线的纵向问题，其通解为

$$Z = A\mathrm{e}^{-\gamma z} + B\mathrm{e}^{\gamma z} \tag{1.3.5}$$

式中，γ 称为传播常数。如果取频域因子为 $\mathrm{e}^{\mathrm{j}\omega t}$，则 $\mathrm{e}^{-\gamma z}$ 代表沿 z 方向传输的波，$\mathrm{e}^{\gamma z}$ 代表沿 $-z$ 方向传输的波。传输线中具体传播的波由线两端的边界条件决定。

从以上分析可以看出，不同传输线的横向问题是不一样的(边界条件不同)，因而求解方法也不尽相同，但纵向问题的解的形式却是一样的。横截面构成以及传输波形的不同，仅仅造成纵向问题参数(如传播常数、特性阻抗等)的不同。纵向实际上是微波信号和功率的传输方向，所以在研究传输问题时，各种传输线可以等效为一种统一的电路形式——双线。单模传输时，一条传输线等效为一对双线；多模传输时，例如 m 个模，由于模式之间没有耦合，一条传输线等效为 m 对双线，如图 1.3-2 所示。

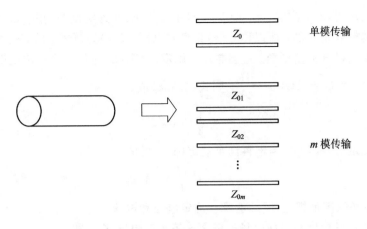

单模传输

Z_0

Z_{01}

Z_{02}

m 模传输

Z_{0m}

图 1.3 - 2　传输线等效为双线

1.3.2　广义传输线方程

在静场和低频稳态场中，电压定义为两点间电场关于路径的积分。由于这时的场为位场，两点间的电压与积分路径无关，所以电压的定义是唯一的。这一概念也可用于 TEM 波传输线，因为 TEM 波传输线的横向问题也是位场问题(满足 Laplace(拉普拉斯)方程)。但是对于非 TEM 波传输线，横向问题不再是位场问题，上述方法定义的电压不再唯一，需要寻找新的定义方法。

为了唯一地定义电压和电流，规定：

(1) 对于传输线的某一模式而言，电压 U 与该模式的横向电场 E_t 成正比；电流 I 与该模式的横向磁场 H_t 成正比，即 $U \propto E_t$，$I \propto H_t$。

(2) 电压与电流的共轭乘积的实部代表该模式的传输功率 P，即 $\frac{1}{2}\text{Re}\{UI^*\} = P$。

(3) 传输行波时，电压与电流之比等于传输线的特性阻抗 Z_0，即 $\frac{U}{I} = Z_0$。

根据规定(1)，设传输线中某一模式的横向场为

$$\begin{cases} \boldsymbol{E}_t = \boldsymbol{e}(x,y)U(z) \\ \boldsymbol{H}_t = \boldsymbol{h}(x,y)I(z) \end{cases} \tag{1.3.6}$$

令

$$\iint_s \boldsymbol{e} \times \boldsymbol{h} \cdot \hat{z}\mathrm{d}s = 1 \tag{1.3.7}$$

则从传输线横截面 s 入射的功率为

$$P = \frac{1}{2}\text{Re}\left\{\iint_s \boldsymbol{E}_t \times \boldsymbol{H}_t^* \cdot \hat{z}\mathrm{d}s\right\} = \frac{1}{2}\text{Re}\{UI^*\} \tag{1.3.8}$$

恰好满足规定(2)。注意，在式(1.3.6)中已设 e、h 为实函数。由于式(1.3.6)是根据场模式定义的，所以称 $U(z)$ 为模式电压，$I(z)$ 为模式电流，e、h 分别为电场和磁场模式矢量函数。应当指出，规定(1)和(2)并不能唯一确定电压和电流。例如，令 $U' = AU$，$I' = \dfrac{I}{A}$，则式(1.3.8)成为

$$P = \frac{1}{2}\mathrm{Re}\{U'I'^*\}$$

仍满足规定(1)和(2)，但不再满足规定(3)，而是

$$\frac{U'}{I'} = A^2\,\frac{U}{I} = A^2 Z_0$$

因此，还必须满足规定(3)才能唯一确定电压和电流。

横向电场模值和横向磁场模值之比等于波阻抗 Z_w，即

$$\frac{|\boldsymbol{E}_\mathrm{t}|}{|\boldsymbol{H}_\mathrm{t}|} = Z_\mathrm{w} \tag{1.3.9}$$

所以，根据规定(3)，在行波状态下，将式(1.3.6)代入式(1.3.9)，得

$$\frac{|\boldsymbol{e}|}{|\boldsymbol{h}|} = \frac{Z_\mathrm{w}}{Z_0} \tag{1.3.10}$$

由于 $\boldsymbol{e} \times \boldsymbol{h}$ 为 $\hat{z}$ 方向，所以

$$\begin{cases} \boldsymbol{e} = \dfrac{Z_\mathrm{w}}{Z_0}\boldsymbol{h} \times \hat{z} \\[3mm] \boldsymbol{h} = \dfrac{Z_0}{Z_\mathrm{w}}\hat{z} \times \boldsymbol{e} \end{cases} \tag{1.3.11}$$

这样，剩下的问题就是如何确定特性阻抗 Z_0。通常，需要根据具体问题而定。

例 1.3.1 求矩形波导中 TE_{10} 模的模式电压和模式电流。

解 矩形波导中 TE_{10} 模的横向场分量为

$$\boldsymbol{E}_\mathrm{t} = \hat{y}E_y = \hat{y}E_{10}\sin\left(\frac{\pi}{a}x\right)\mathrm{e}^{-\gamma z}$$

$$\boldsymbol{H}_\mathrm{t} = \hat{x}H_x = -\hat{x}\,\frac{E_{10}}{Z_\mathrm{wTE_{10}}}\sin\left(\frac{\pi}{a}x\right)\mathrm{e}^{-\gamma z}$$

式中，$Z_\mathrm{wTE_{10}} = \dfrac{\omega\mu}{\beta} = \dfrac{\eta}{\sqrt{1 - \left(\dfrac{\lambda}{2a}\right)^2}}$ 为 TE_{10} 模的波阻抗，$\eta = \sqrt{\dfrac{\mu}{\varepsilon}}$ 为自由空间中的波阻抗，E_{10} 是与激励有关的常数。

令电场模式矢量函数为 $\boldsymbol{e} = \hat{y}A\sin\left(\dfrac{\pi}{a}x\right)$，式中，$A$ 为任意常数。根据式(1.3.6)，磁场模式矢量函数为 $\boldsymbol{h} = -\hat{x}\,\dfrac{Z_0 A}{Z_\mathrm{wTE_{10}}}\sin\left(\dfrac{\pi}{a}x\right)$，于是，模式电压和模式

电流分别为

$$U = \frac{E_{10}}{A} \mathrm{e}^{-\gamma z}$$

$$I = \frac{E_{10}}{AZ_0} \mathrm{e}^{-\gamma z}$$

根据

$$\iint\limits_s \boldsymbol{e} \times \boldsymbol{h} \cdot \hat{\boldsymbol{z}} \mathrm{d}s = \frac{Z_0 A^2}{Z_{\mathrm{wTE}_{10}}} \int_0^a \int_0^b \sin^2\left(\frac{\pi}{a}x\right) \mathrm{d}x \mathrm{d}y$$

$$= \frac{Z_0 A^2}{Z_{\mathrm{wTE}_{10}}} \cdot \frac{ab}{2} = 1$$

有

$$Z_0 = \frac{2}{abA^2} Z_{\mathrm{wTE}_{10}}$$

可见，特性阻抗的确定与任意常数 A 有关，也就是说，定义特性阻抗具有一定的任意性。为了使特性阻抗、模式电压和模式电流有正确的量纲，令 $A = \frac{\sqrt{2}}{b}$，则

$$Z_0 = \frac{b}{a} Z_{\mathrm{wTE}_{10}} = \frac{b}{a} \frac{\eta}{\sqrt{1 - \left(\frac{\lambda}{2a}\right)^2}}$$

于是

$$\boldsymbol{e} = \hat{y} \frac{\sqrt{2}}{b} \sin\left(\frac{\pi}{a}x\right)$$

$$\boldsymbol{h} = -\hat{x} \frac{\sqrt{2}}{a} \sin\left(\frac{\pi}{a}x\right)$$

$$U = \frac{E_{10}b}{\sqrt{2}} \mathrm{e}^{-\gamma z}$$

$$I = \frac{E_{10}a}{\sqrt{2}Z_{\mathrm{wTE}_{10}}} \mathrm{e}^{-\gamma z}$$

在历史上，关于矩形波导 TE_{10} 模特性阻抗的定义有三种。首先，定义波导横截面中心从底面到顶面的电场线积分为等效电压 U_m，波导顶面上总的纵向电流为等效电流 I_m，即

$$\begin{cases} U_\mathrm{m} = \int_0^b E_y \Big|_{x=\frac{a}{2}} \mathrm{d}y = bE_{10} \\ I_\mathrm{m} = \int_0^a J_z \mathrm{d}x = -\int_0^a H_x \Big|_{y=b} \mathrm{d}x = \frac{2aE_{10}}{\pi Z_{\mathrm{wTE}_{10}}} \end{cases} \tag{1.3.12}$$

式中，J_z 表示纵向电流密度。

传输 TE_{10} 模时的平均功率为

$$P = \iint_s \boldsymbol{E}_t \times \boldsymbol{H}_t \cdot \hat{z} \mathrm{d}s = \frac{E_{10}^2 ab}{2Z_{wTE_{10}}} \tag{1.3.13}$$

波导的特性阻抗按如下三种公式定义：

$$Z_{0(U-I)} = \frac{U_m}{I_m} = \frac{\pi b}{2a} \cdot \frac{\eta}{\sqrt{1 - \left(\frac{\lambda}{2a}\right)^2}} \tag{1.3.14}$$

$$Z_{0(U-P)} = \frac{U_m^2}{P} = \frac{2b}{a} \cdot \frac{\eta}{\sqrt{1 - \left(\frac{\lambda}{2a}\right)^2}} \tag{1.3.15}$$

$$Z_{0(P-I)} = \frac{P}{I_m^2} = \frac{\pi^2 b}{8a} \cdot \frac{\eta}{\sqrt{1 - \left(\frac{\lambda}{2a}\right)^2}} \tag{1.3.16}$$

可以看出，用不同方式定义的特性阻抗，与波长和波导尺寸的关系是相同的，仅相差一个数字系数。在实际中，通常采用归一化电压和电流，用小写字母表示为

$$\begin{cases} u = \dfrac{U}{\sqrt{Z_0}} \\ i = \sqrt{Z_0} I \end{cases} \tag{1.3.17}$$

容易验证，归一化电压和电流并不违反关于电压、电流的三条规定。只是在归一化电压、电流下，特性阻抗相当于定义为 1，从而避免了特性阻抗定义的不正确性。

定义了传输线电压和电流后，可以从最基本的 Maxwell 方程出发，导出电压和电流所满足的广义传输线方程，或称广义电报方程。

设传输线无源，Maxwell 方程为

$$\begin{cases} \nabla \times \boldsymbol{H} = \mathrm{j}\omega\varepsilon\boldsymbol{E} \\ \nabla \times \boldsymbol{E} = -\mathrm{j}\omega\mu\boldsymbol{H} \end{cases} \tag{1.3.18}$$

对于传输线，$\boldsymbol{E}$、$\boldsymbol{H}$ 以及 ∇ 算子可以分解为横向分量和纵向分量，即

$$\begin{cases} \boldsymbol{E} = \boldsymbol{E}_t + \hat{z}E_z \\ \boldsymbol{H} = \boldsymbol{H}_t + \hat{z}H_z \\ \nabla = \nabla_t + \hat{z}\dfrac{\partial}{\partial z} \end{cases} \tag{1.3.19}$$

将式(1.3.19)代入式(1.3.18)，可得

$$\nabla \times \boldsymbol{H} = \left(\nabla_t + \frac{\partial}{\partial z}\hat{z}\right) \times (\boldsymbol{H}_t + \hat{z}H_z)$$

$$= \nabla_t \times \boldsymbol{H}_t + \nabla_t \times (\hat{z}H_z) + \frac{\partial}{\partial z}(\hat{z} \times \boldsymbol{H}_t)$$

$$= \mathrm{j}\omega\varepsilon(\boldsymbol{E}_t + \hat{z}E_z)$$

即

$$\nabla_t \times \boldsymbol{H}_t = \mathrm{j}\omega\varepsilon\hat{z}E_z \tag{1.3.20}$$

$$\nabla_t \times (\hat{z}H_z) + \frac{\partial}{\partial z}(\hat{z} \times \boldsymbol{H}_t) = \mathrm{j}\omega\varepsilon\boldsymbol{E}_t \tag{1.3.21}$$

同理(也可用对偶原理,即 $\boldsymbol{E} \rightarrow -\boldsymbol{H}$, $\boldsymbol{H} \rightarrow \boldsymbol{E}$, $\mu \rightarrow \varepsilon$, $\varepsilon \rightarrow \mu$),得

$$\nabla_t \times \boldsymbol{E}_t = -\mathrm{j}\omega\mu\hat{z}H_z \tag{1.3.22}$$

$$\nabla_t \times (\hat{z}E_z) + \frac{\partial}{\partial z}(\hat{z} \times \boldsymbol{E}_t) = -\mathrm{j}\omega\mu\boldsymbol{H}_t \tag{1.3.23}$$

将式(1.3.20)和式(1.3.22)两边关于 ∇_t 取旋度,并分别代入式(1.3.23)和式(1.3.21),得

$$\frac{1}{\mathrm{j}\omega\varepsilon}\nabla_t \times \nabla_t \times \boldsymbol{H}_t + \frac{\partial}{\partial z}(\hat{z} \times \boldsymbol{E}_t) = -\mathrm{j}\omega\mu\boldsymbol{H}_t \tag{1.3.24}$$

$$-\frac{1}{\mathrm{j}\omega\mu}\nabla_t \times \nabla_t \times \boldsymbol{E}_t + \frac{\partial}{\partial z}(\hat{z} \times \boldsymbol{H}_t) = -\mathrm{j}\omega\varepsilon\boldsymbol{E}_t \tag{1.3.25}$$

将式(1.3.6)代入式(1.3.24)和式(1.3.25),得

$$\frac{1}{\mathrm{j}\omega\varepsilon}(\nabla_t \times \nabla_t \times \boldsymbol{h})I + (\hat{z} \times \boldsymbol{e})\frac{\partial U}{\partial z} = -\mathrm{j}\omega\mu\boldsymbol{h}I \tag{1.3.26}$$

$$-\frac{1}{\mathrm{j}\omega\mu}(\nabla_t \times \nabla_t \times \boldsymbol{e})U + (\hat{z} \times \boldsymbol{h})\frac{\partial I}{\partial z} = \mathrm{j}\omega\varepsilon\boldsymbol{e}U \tag{1.3.27}$$

将式(1.3.26)和式(1.3.27)两边分别点乘 $\boldsymbol{h}$ 和 $\boldsymbol{e}$,并在整个横截面内积分,可得

$$\begin{cases} \dfrac{\mathrm{d}U}{\mathrm{d}z} = \dfrac{-\mathrm{j}\omega\mu\displaystyle\iint_s \boldsymbol{h} \cdot \boldsymbol{h}\mathrm{d}s + \dfrac{1}{\mathrm{j}\omega\varepsilon}\displaystyle\iint_s \boldsymbol{h} \cdot \nabla_t \times \nabla_t \times \boldsymbol{h}\mathrm{d}s}{\displaystyle\iint_s \boldsymbol{e} \times \boldsymbol{h} \cdot \hat{z}\mathrm{d}s}I \\[2em] \dfrac{\mathrm{d}I}{\mathrm{d}z} = -\dfrac{-\mathrm{j}\omega\varepsilon\displaystyle\iint_s \boldsymbol{e} \cdot \boldsymbol{e}\mathrm{d}s + \dfrac{1}{\mathrm{j}\omega\mu}\displaystyle\iint_s \boldsymbol{e} \cdot \nabla_t \times \nabla_t \times \boldsymbol{e}\mathrm{d}s}{\displaystyle\iint_s \boldsymbol{e} \times \boldsymbol{h} \cdot \hat{z}\mathrm{d}s}U \end{cases} \tag{1.3.28}$$

当传输线中沿 z 方向传输行波时,设传输常数 $\gamma = \mathrm{j}\beta$(无耗),则 $\frac{\partial}{\partial z} = -\mathrm{j}\beta$,

考虑到式(1.3.11)，则式(1.3.26)和式(1.3.27)变为

$$\begin{cases} \dfrac{1}{\mathrm{j}\omega\varepsilon}(\nabla_t\times\nabla_t\times\boldsymbol{h})I + \dfrac{Z_w}{Z_0}\boldsymbol{h}(-\mathrm{j}\beta U)=-\mathrm{j}\omega\mu\boldsymbol{h}I \\ -\dfrac{1}{\mathrm{j}\omega\mu}(\nabla_t\times\nabla_t\times\boldsymbol{e})U + \left(-\dfrac{Z_0}{Z_w}\boldsymbol{e}\right)(-\mathrm{j}\beta I)=\mathrm{j}\omega\varepsilon\boldsymbol{e}U \end{cases} \qquad (1.3.29)$$

根据规定(3)，式(1.3.29)变为

$$\begin{cases} \nabla_t\times\nabla_t\times\boldsymbol{h} = (k^2-\omega\varepsilon\beta Z_w)\boldsymbol{h} \\ \nabla_t\times\nabla_t\times\boldsymbol{e} = \left(k^2-\omega\mu\beta\dfrac{1}{Z_w}\right)\boldsymbol{e} \end{cases} \qquad (1.3.30)$$

利用式(1.3.7)和式(1.3.8)，可得

$$\begin{cases} \iint\limits_s \boldsymbol{h}\cdot\boldsymbol{h}\,\mathrm{d}s = \dfrac{Z_0}{Z_w} \\ \iint\limits_s \boldsymbol{e}\cdot\boldsymbol{e}\,\mathrm{d}s = \dfrac{Z_w}{Z_0} \end{cases} \qquad (1.3.31)$$

将式(1.3.7)、式(1.3.28)和式(1.3.30)代入式(1.3.27)，便得到广义传输线方程：

$$\begin{cases} \dfrac{\mathrm{d}U}{\mathrm{d}z}=-ZI \\ \dfrac{\mathrm{d}I}{\mathrm{d}z}=-YU \end{cases} \qquad (1.3.32)$$

式中，

$$Z = \mathrm{j}\omega L_1 + \dfrac{1}{\mathrm{j}\omega C_1}, \qquad Y = \mathrm{j}\omega C_2 + \dfrac{1}{\mathrm{j}\omega L_2}$$

$$L_1 = \mu\dfrac{Z_0}{Z_w}, \qquad C_1 = \dfrac{\varepsilon Z_w}{Z_0(k^2-\omega\varepsilon\beta Z_w)}$$

$$C_2 = \varepsilon\dfrac{Z_w}{Z_0}, \qquad L_2 = \dfrac{\mu Z_0}{Z_w k^2-\omega\mu\beta}$$

由式(1.3.32)可以得到如图1.3-3所示的传输线纵向问题的等效电路。

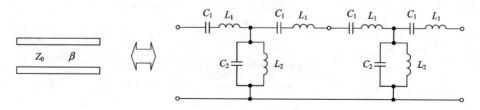

图 1.3-3　传输线纵向问题的等效电路

对于 TEM 模，

$$Z_w = \sqrt{\frac{\mu}{\varepsilon}}, \beta = k$$

则

$$C_1 = \infty, L_2 = \infty$$

$$L_1 = Z_0 \sqrt{\mu\varepsilon}, C_2 = \frac{\sqrt{\mu\varepsilon}}{Z_0}$$

对于 TE 模，

$$Z_w = \frac{\omega\mu}{\beta}$$

则

$$C_1 = \infty, L_1 = \frac{Z_0\beta}{\omega}$$

$$C_2 = \frac{\omega\mu\varepsilon}{Z_0\beta}, L_2 = \frac{\mu Z_0}{k_c^2 Z_w}$$

对于 TM 模，

$$Z_w = \frac{\beta}{\omega\varepsilon}$$

则

$$C_1 = \frac{\varepsilon Z_w}{k_c^2 Z_0}, L_1 = \frac{\omega\mu\varepsilon}{Z_w\beta}$$

$$C_2 = \frac{\beta}{\omega Z_0}, L_2 = \infty$$

容易证明：

$$\sqrt{ZY} = \mathrm{j}\beta, \sqrt{\frac{Z}{Y}} = Z_0$$

1.4 不连续性区域处理

设传输线满足单模传输条件，当波从一传输线入射到一不连续性区域时，其一部分反射回传输线，其余部分通过不连续性区域传输到其他传输线，同时在不连续性区域激发出许多高次模，这些高次模在传输线中为截止波，所以很快衰减掉。这样在不连续性区域附近就形成了一个能量存储区。根据电储能和磁储能所占的比例，这些不连续性区域就可以等效为感性、容性或谐振集中电路。

从网络的观点，不连续性区域可以看作连接传输线的网络。在传输线上适

当选取参考面 T，参考面包含的不连续性区域可以等效为一多端口网络，各参考面就是网络的端口，如图 1.1-4(b) 所示。

参考面的选取有一定的任意性，但选定之后便不能再随意改变。因为不同的参考面对应的等效网络是不一样的。这是由传输线中波的波动性造成的。选取参考面的原则是：

(1) 参考面应距不连续性区域足够远，以使不连续性区域引起的高次截止模在参考面上消失。

(2) 参考面必须与参考方向垂直，以使场的横向分量落在参考面上。

需要说明的是，等效网络还与传输线传输的模式有关，不同的波型引起的反射和高次模不同，因而等效网络也就不同，单模传输时，网络外接端口的数目与参考面的数目相同。而 m 个模传输时，一个参考面对应 m 个端口。

网络思想实质上是一种"黑箱思想"，即不管不连续性区域内部的构成怎样，统一将其看成一个"黑箱"，通过"黑箱"各端口上激励与响应之间的关系表征"黑箱"的特性。对于线性网络，这种关系可以用参量矩阵表示。

确定网络参量的方法有两种。一种是场方法，即根据具体不连续性结构的边界条件求解 Maxwell 方程，得出各端口参量间的关系式。对于简单的结构，可采用解析方法。而对于复杂的结构，解析方法往往是无能为力的，须借助于数值方法或商业软件，但数值方法往往难以得到封闭形式的公式(简称闭式)。HFSS、CST、FEKO、MICROWAVE OFFICE 等商业软件可以对简单及较为复杂的结构进行建模仿真，得到所需的网络参数，因此这些软件得到了广泛的应用。

另一种是测量方法，即给网络的某些端口施以激励，测出各端口的响应，然后根据这些激励和响应，确定出网络的参量关系。正是由于可以利用测量方法确定网络参量，所以微波网络理论与方法在微波工程中得到了广泛应用。

利用网络思想可以很方便地研究微波元件。图 1.4-1 具体演示了这一过程。但要注意的是，在网络分解中，参考面一定要选在传输线中高次截止模完全消失的地方；否则，不仅网络参量关系描述不正确，还可能遗漏不连续性间的耦合。

微波网络研究的问题包括两个方面：

(1) 给定电路的结构，分析其网络参量及各种工作特性，这一过程称为网络分析。

(2) 根据所给的工作特性要求，设计出合乎要求的电路结构，这一过程称为网络综合。

网络分析问题是"单值"的，即给定电路后，"特性"也就唯一确定了。网络

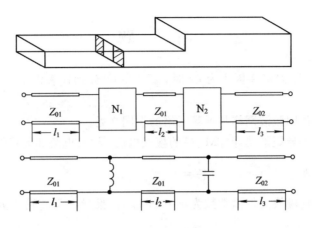

图 1.4-1　网络应用演示

综合问题往往是"多值"的,在同一最佳条件下可以设计出许多满足要求的电路结构。

微波网络又分为线性网络、非线性网络、无源网络和有源网络。

1.5　结 果 验 证

结果的验证是一个很关键的步骤,所得结果是否正确以及如何验证结果的正确性是很重要的。以下为几种常用的验证方法:

(1) 通过实验验证。这是最准确可靠的方法,但由于受到各种条件的限制,这种方法不是什么时候都能用。

(2) 和别人的测试或仿真结果进行比较。对于别人的已经经过验证的结果,是可以直接引用的。

(3) 和经典的结果进行比较。经典的结果是已经被大家所接受的,因此直接和其比较是可行的。

(4) 利用软件仿真。随着各种仿真软件的完备,仿真的结果有了越来越高的精度,因此也可以借助仿真来验证结果。这种方法的可信度虽然稍低,但它方便快捷,省时省力,所以现在使用得也较为广泛。

(5) 如果所计算的问题及得到的结果是前人没有涉及的,这时可以从结果的合理性上加以说明。

实际上对实验结果的验证有时候并不限于某一种方法,经常是将几种方法综合起来进行比较,从而得到一个较为准确的结论。

习　题

1.1　证明：当频率因子为 $e^{j\omega t}$ 时，$e^{-\gamma z}$ 和 $e^{\gamma z}$ 分别代表沿 $+z$ 方向和 $-z$ 方向传输的波。

1.2　试说明微波网络与低频网络的不同之处。

1.3　试推导矩形波导 TM_{11} 模的模式电压、模式电流和模式矢量函数。

1.4　证明：$\sqrt{ZY}=j\beta$，$\sqrt{\dfrac{Z}{Y}}=Z_0$。

1.5　设传输线的传播常数为 $\gamma=\alpha+j\beta$，试推导广义传输线方程及其等效电路。

第二章 网络基础

在微波工程中，有两种基本的分析方法，即场的分析方法和网络（路）的分析方法。场分析方法以 Maxwell 方程组和边界条件为基础，重点在于解释微波元件内部的场型结构；网络的分析方法则是以所研究对象的外部特性作为目标。这两种方法既紧密相关，又相互补充。简单地说，场是微波网络的内部原因，网络则是场的外部表现。在这个意义上，两种方法是完全等价的。然而，由于网络参数可以通过测量的方式获取，因此，微波网络理论得到了十分广泛的应用。

本章主要介绍微波网络的基础内容，包括一些基本概念、工作特性参量、A 参数与 S 参数、无耗互易网络的几个重要定理、参考面移动对网络参数的影响以及双口微波网络散射参数的测量等。

2.1 微波网络的基本概念

微波网络是由有限个元件连接而成的一种结构。这些元件可以是集总元件（如电阻、电容、电感等），也可以是分布参数元件（如传输线、波导等）。微波网络可以被看作一个黑盒子(Black Box)，如图 2.1-1 所示。它通过端口与外界进行能量或信息交换，如果对它作 n 个激励，它就有 n 个响应，则该网络就称为 n 维或 n 端口网络。

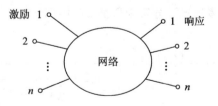

图 2.1-1 n 端口网络

2.1.1 复频率与复平面

在电路理论中,傅里叶变换完成的是时域到频域的变换,拉普拉斯变换(又名拉氏变换)则完成时域到 s 域的变换。实际上,傅里叶变换是拉普拉斯变换的一种特殊情况,在拉普拉斯变换中令 $\sigma = 0$,拉普拉斯变换就变为傅里叶变换;反之,将傅里叶变换中的 $j\omega$ 变为 $\sigma + j\omega$,就是将定义域从虚轴变换到复数域中,称为拉普拉斯变换。这种定义域的扩展又称为解析延拓,$s = \sigma + j\omega$ 称为复频率,对应的以 σ 为横轴、$j\omega$ 为纵轴的平面称为复平面。

2.1.2 赫维茨多项式

所有零点都位于复频率 s 复平面的左半平面内的实系数多项式,称为赫维茨(Hurwitz)多项式。

1. 赫维茨多项式的性质

设赫维茨多项式的一般形式为

$$H(s) = a_n s^n + a_{n-1} s^{n-1} + \cdots + a_1 s + a_0 \tag{2.1.1}$$

它具有以下性质:

(1) 所有系数都是正实数;

(2) 幂次齐全;

(3) 当它只有奇部或只有偶部时,其所有的根都共轭地出现在 s 复平面的 $j\omega$ 轴上;

(4) 满足模值定理:

$$\begin{cases} \text{Res} > 0, & |H(s) > H(-s)| \\ \text{Res} = 0, & |H(s) = H(-s)| \\ \text{Res} < 0, & |H(s) < H(-s)| \end{cases} \tag{2.1.2}$$

2. 赫维茨多项式的判断准则

准则 1 赫维茨多项式可分解为偶部 $E(s)$ 和奇部 $O(s)$,由奇部和偶部的比值可得电抗函数:

$$\psi(s) = \frac{O(s)}{E(s)} = q_1 s + \cfrac{1}{q_2 s + \cfrac{1}{q_3 s + \cdots + \cfrac{1}{q_n s}}} \tag{2.1.3}$$

式中,商和 $q_i (i = 1, 2, \cdots, n)$ 都是正数。

式(2.1.3)是采用辗转相除的方法得到的,如果一个多项式的奇部和偶部的比值能够不中断地辗转除尽,且所得的商都是正数,则此多项式就一定是赫维茨多项式。

准则 2 若矩阵

$$\boldsymbol{\Delta} = \begin{bmatrix} a_n & a_{n-1} & 0 & 0 & 0 & 0 & \cdots \\ a_{n-2} & a_{n-3} & a_n & a_{n-1} & 0 & 0 & \cdots \\ a_{n-4} & a_{n-5} & a_{n-2} & a_{n-3} & a_n & a_{n-1} & \cdots \\ & & & \vdots & & & \end{bmatrix} \qquad (2.1.4)$$

为正定矩阵，则为赫维茨多项式。

2.1.3 正实函数

1. 正实函数的定义

若函数 $G(s)$ 满足：

(1) 在 s 的右半平面解析；

(2) 若 s 是实数，则 $G(s)$ 是实函数；

(3) Res>0，ReG(s)>0，

则 $G(s)$ 为正实函数。

2. 正实函数的性质

正实函数具有以下一些性质：

(1) 正实函数的导数也是正实函数。

(2) 正实函数之和仍为正实函数。

(3) 正实函数的复合函数仍为正实函数。

3. 正实函数的判断法则

对于函数

$$G(s) = \frac{E_1(s) + O_1(s)}{E_2(s) + O_2(s)} \qquad (2.1.5)$$

式中，$E_1(s)$ 和 $E_2(s)$ 为偶部，$O_1(s)$ 和 $O_2(s)$ 为奇部。

若 $G(s)$ 满足：

(1) s 为实数时，$G(s)$ 为实函数；

(2) $E_1(s) + E_2(s) + O_1(s) + O_2(s)$ 为赫维茨多项式；

(3) 当 $s = j\omega$ 时，$E_1(j\omega)E_2(j\omega) - O_1(j\omega)O_2(j\omega) \geqslant 0$，

则 $G(s)$ 为正实函数。

2.1.4 有界实矩阵与有界实函数

对于一个 m 阶方阵 $\boldsymbol{Y}(.)$，其元素均为复变量 s 的函数，若 $\boldsymbol{Y}(.)$ 满足：

(1) 在 Res>0 处，$\mathbf{Y}(.)$的所有元素都是解析的；

(2) 对于正实的 s，$\mathbf{Y}(s)$是实的；

(3) 对于 Res>0，$\mathbf{I}-\mathbf{Y}^+(s)\mathbf{Y}(s)$是非负定的埃尔米特(Hermite)矩阵，则 $\mathbf{Y}(.)$为有界实矩阵。

一个 1×1 阶的有界实矩阵称为有界实函数。

2.1.5 网络函数及其性质

网络函数可用来描述网络的特性，在时域内可以用冲激响应表征网络的特性，在频域内可以用网络函数表征网络的特性。既然冲激响应和网络函数都可以用来表征网络的特性，那么它们之间必然有密切的联系，这一关系就是网络函数是冲激响应的拉氏变换。

1. 网络函数的定义及其分类

响应与激励之比定义为网络函数，用符号 H 表示，它是联系响应与激励的量。在图 2.1-2(a)的单口网络中，激励和响应在同一个端口，则网络函数为策动点函数。策动点函数有两种定义：一种是激励为 U，响应为 I，即

$$H(s) = \frac{I(s)}{U(s)} = Y(s) \tag{2.1.6}$$

称为策动点导纳函数。

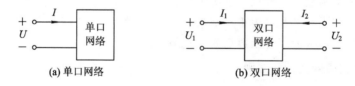

(a) 单口网络　　　　　　　(b) 双口网络

图 2.1-2　单口网络和双口网络

另一种是激励为 I，响应为 U，即

$$H(s) = \frac{U(s)}{I(s)} = Z(s) \tag{2.1.7}$$

称为策动点阻抗函数。

图 2.1-2(b)的双口网络中，当激励和响应在不同的端口上时，网络函数称为转移函数。

可见，网络函数分为两大类，策动点函数和转移函数。当激励 $A(s)$ 是复指数信号时，强制信号 $B(s)$ 也是复指数信号的形式，网络函数 $H(s)$ 便是复频率 s 的函数，定义为

$$H(s) = \frac{B(s)}{A(s)} \tag{2.1.8}$$

2. 网络函数的一些性质

尽管转移函数和策动点函数的定义不同，其性质也有所差别，但由于它们都是网络函数，因此它们也具有一些共同的性质。这些性质包括：

（1）网络函数是实有理函数。集总、线性、时不变网络的网络函数是一实系数的有理函数，形式上是两个实系数的多项式之比，形如

$$H(s) = \frac{b_m s^m + b_{m-1} s^{m-1} + \cdots + b_1 s + b_0}{a_n s^n + a_{n-1} s^{n-1} + \cdots + a_1 s + a_0} \tag{2.1.9}$$

式中，a_i、b_j 都是实数，s 是复频率变量。如果将分子、分母多项式写成因式形式，则得出另一种表示式：

$$H(s) = \frac{b_m \prod\limits_{j=1}^{m} (s - s_j)}{a_n \prod\limits_{i=1}^{n} (s - s_i)} \tag{2.1.10}$$

（2）网络函数零点和极点的分布关于实轴对称。

（3）稳定网络的网络函数分母是赫维茨多项式。

（4）策动点函数是正实函数。

2.1.6　网络参数及其性质

一般地，微波网络参数可以分为两大类：当端口信号是电压、电流时，称为电路参数，它包括阻抗参数、导纳参数和转移参数；当端口信号为场强复振幅的归一化量时，称为波参数，它包括散射参数（S 参数）和传输参数（T 参数）。电路参数主要用于集总电路，由于在微波频率测量电压和电流存在实际困难，不适用于微波网络分析，因此就用建立在微波网络端口处入射波与反射波之间关系基础上的网络波参量来分析和描述微波网络。微波网络分析中经常用信号流图来简化网络，信号流图是描述信号经过元器件的可视化描述。用信号流图来表示以及分析网络的传输信号和反射信号，将复杂的网络分解为简单的输入和输出特性关系，而且在此关系中反射系数和传输系数融为一体，各参数的物理意义更加清楚。信号流图不仅可以分析一个网络，而且可以分析多个网络互连构成的新网络。信号流图对研究和分析微波网络具有非常重要的现实意义。

散射是电磁波的特征之一。在微波系统内部传输的电磁波遇到不均匀结构时也会产生散射，但是散射波不可能四面八方地传播，它只能通过波导或微波元件的端口散射出去，而入射波也只能通过端口进入微波系统，因此把描述这种现象的参数称为散射参数，即 S 参数。

S 参数具有直观清晰的物理意义和易于测量等优点，因此，微波元器件大

都采用 S 参数来表述网络的工作特性。S 参数是微波网络参数中最重要的参数，对其准确测量是进行微波器件分析的基础。S 参数可以直接用矢量网络分析仪测量得到，还可以将它转化成其他的微波网络参数。

双口网络是最基本的微波网络。如图 2.1-3 所示的双口网络，其端口信号对分别为 $(a_1，b_1)$ 和 $(a_2，b_2)$，a 为归一化入射功率，b 为归一化反射功率。在一个线性的微波网络中，电压与电流是线性的，显然归一化反射波和归一化入射波之间也存在线性关系。根据电磁波理论，可以定义：

$$\begin{bmatrix} b_1 \\ b_2 \end{bmatrix} = \begin{bmatrix} S_{11} & S_{12} \\ S_{21} & S_{22} \end{bmatrix} \begin{bmatrix} a_1 \\ a_2 \end{bmatrix} \tag{2.1.11}$$

其中，S 称为散射矩阵，矩阵中的各个元素称为归一化的散射参数，具有明确的物理意义，S_{11}、S_{22} 为电压反射系数，S_{12}、S_{21} 为电压传输系数。

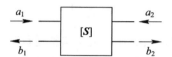

图 2.1-3 双口网络 S 参数

2.2 工作特性参量

微波网络端口的特性，通常都是用其输入量和输出量之间的关系来表示，而不考虑网络中电磁场的分布。输入量和输出量可以是电压和电流，也可以是功率。由于网络的端接条件不同，输入与输出间的关系也不同。虽然网络的参量矩阵已完全描述了网络的固有特性，但在实际中，为了更直接地描述网络的传输、衰减和反射等工作特性，以及便于网络分析与综合，还常采用工作特性参量，常用的有电压传输系数、工作衰减、插入相移和输入驻波比等，它们都是频率的函数。

1. 电压传输系数 τ

电压传输系数 τ 定义为：输出端口反射波电压 b_2 与输入端口入射波电压 a_1 在输出端口接匹配负载的条件下两者之比，即

$$\tau = \frac{b_2}{a_1}\bigg|_{a_2=0} = S_{21} \tag{2.2.1}$$

根据 S_{21} 的物理意义可知 τ 就是 S_{21}。

2. 工作衰减 L_A

工作衰减 L_A 也称插入损耗，定义为输出端口接匹配负载时，输入端口的

输入波功率与负载吸收功率之比，即

$$L_A = \frac{P_{in}}{P_1} \qquad (2.2.2)$$

因为 $P_{in} = \frac{1}{2}|a_1|^2$，$P_1 = \frac{1}{2}|b_2|^2$，所以

$$L_A = \left.\left|\frac{a_1}{b_2}\right|^2\right|_{a_2=0} = \frac{1}{|S_{21}|^2} = \frac{1}{|\tau|^2} \qquad (2.2.3)$$

常用分贝(dB)单位表示工作衰减，即

$$L_A = 10\lg\frac{1}{|\tau|^2} \quad \text{dB} \qquad (2.2.4)$$

可见，工作衰减等于电压传播系数模平方的导数。因为网络是无源的，$|\tau| \leqslant 1$，所以 L_A 总是正分贝数。为了看清 L_A 的物理意义，将式(2.2.4)重新表示为

$$L_A = 10\lg\frac{1-|S_{11}|^2}{|S_{21}|^2} \cdot \frac{1}{1-|S_{11}|^2} = 10\lg\frac{1-|S_{11}|^2}{|S_{21}|^2} + 10\lg\frac{1}{1-|S_{11}|^2}$$
$$(2.2.5)$$

式(2.2.5)右边第一项 $\dfrac{1-|S_{11}|^2}{|S_{21}|^2} = \dfrac{|a_1|^2-|b_1|^2}{|b_2|^2}$ 是网络的实际输入功率(入射波功率减去反射波功率)与匹配负载吸收功率之比，表征了网络自身损耗引起的衰减。当网络无耗时，因为 $|S_{21}|^2 = 1-|S_{11}|^2$，所以自身衰减为 0 分贝，上式右边第二项 $\dfrac{1}{1-|S_{11}|^2} = \dfrac{|a_1|^2}{|a_1|^2-|b_1|^2}$ 为入射波功率与实际入射功率之比，是由于输入端口不匹配引起的，因此称为网络的反射衰减。当输入端口匹配时，$S_{11} = 0$，则反射衰减为 0 分贝。

3. 插入相移 θ

插入相移 θ 定义为输出端口接匹配负载时，输出端口反射波对于输入端口入射波的相移。因此它也就是电压传输系数 τ 的相角：

$$\theta = \arg\tau = \arg S_{21} \qquad (2.2.6)$$

4. 输入驻波比 ρ

输入驻波比 ρ 定义为输出端口接匹配负载时，输入端口的驻波比，即

$$\rho = \frac{1+|S_{11}|}{1-|S_{11}|} \qquad (2.2.7)$$

2.3 A 参 数

2.3.1 A 参数的定义和基本性质

一般地，A 参数定义为输入电压 U_1、电流 I_1 和输出电压 U_2、电流 I_2 的一组线性关系：

$$\begin{bmatrix} U_1 \\ I_1 \end{bmatrix} = \begin{bmatrix} A_{11} & A_{12} \\ A_{21} & A_{22} \end{bmatrix} \begin{bmatrix} U_2 \\ I_2 \end{bmatrix} \tag{2.3.1}$$

由 A 参数的定义，以及传输线理论可以得到无耗传输线段的 A 矩阵，如表 2.3.1 所示。

表 2.3.1 无耗传输线段的 A 矩阵

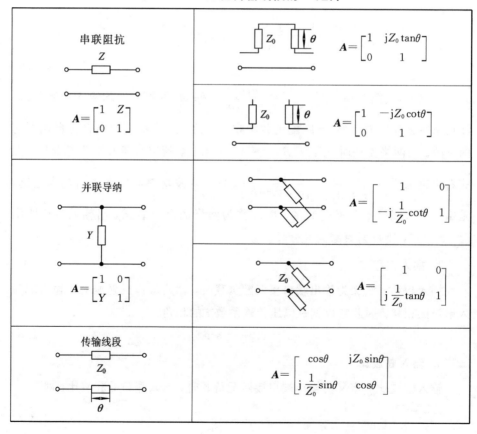

A 参数具有以下性质：

1. 互易网络

互易网络 A 矩阵的行列式值为 1，即

$$\det A = 1 \tag{2.3.2}$$

2. 级联网络

如图 2.3-1 所示级联传输系统，总网络的 A 矩阵是各个网络 A_i 的依次乘积，即

$$A = \prod_{i=1}^{N} A_i \tag{2.3.3}$$

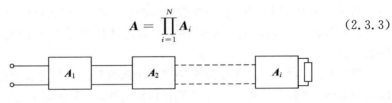

图 2.3-1　网络级联

3. 负载阻抗 Z_L 与输入阻抗 Z_{in} 的关系

由 A 参数定义，计及 $Z_{in} = U_1/I_1$，而 $Z_L = U_2/I_2$，易得

$$Z_{in} = \frac{A_{11} Z_L + A_{12}}{A_{21} Z_L + A_{22}} \tag{2.3.4}$$

例 2.3.1　矩形波导 H 面 $90°$ 拐角可表示为如图 2.3-2 所示网络。若输入功率为 P_0，终端接匹配负载，求系统反射系数 Γ 和负载吸收功率 P_L。

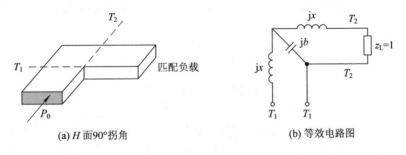

(a) H 面 $90°$ 拐角　　　　(b) 等效电路图

图 2.3-2　例 2.3.1 网络

解　微波问题多数采用归一化参数，即所有阻抗对特性阻抗 Z_0 归一，或导纳对 Y_0 归一。本书中以小写字母表示归一化参数。

可以把 H 面 $90°$ 拐角看作两个串联电抗和一个并联导纳级联而成的。根据 a 矩阵性质，有

$$a = \prod_{i=1}^{3} a_i = \begin{pmatrix} 1 - xb & jx(2 - xb) \\ jb & 1 - xb \end{pmatrix} = \begin{bmatrix} -1 & 0 \\ j & -1 \end{bmatrix}$$

注意，上式满足互易条件。T_1 参考面的输入阻抗为

$$z_{in} = \frac{a_{11}z_L + a_{12}}{a_{21}z_L + a_{22}} = \frac{1}{1-j}$$

对应的反射系数为

$$\Gamma = \frac{z_{in}-1}{z_{in}+1} = \frac{j}{2-j} = 0.4472e^{j116.565°}$$

计算得到负载吸收功率：

$$P_L = P_0(1-|\Gamma|^2) = 0.8P_0$$

从这个例子可以看出：在不少微波问题中，电压、电流仅作为中间量出现。一旦把 a 参数转化为输入阻抗的形式，即可从反射系数 Γ 研究功率的传输问题。

例 2.3.2 两相距 λ_g 的 H 面 90°拐角所组成的 U 形拐角可表示为如图 2.3-3 所示的网络。若输入功率为 P_0，终端接匹配负载，求系统反射系数 Γ 和负载吸收功率 P_L。

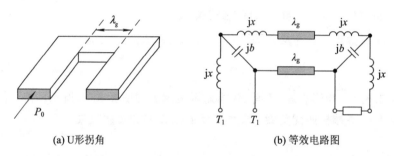

(a) U形拐角   (b) 等效电路图

图 2.3-3 例 2.3.2 网络

解 这个问题可看作两只 90°拐角的级联。利用例 2.3.1 的结果，有

$$a = \prod_{i=1}^{2} a_i = \begin{bmatrix} 1 & 0 \\ -j2 & 1 \end{bmatrix}$$

$$z_{in} = \frac{a_{11}z_L + a_{12}}{a_{21}z_L + a_{22}} = \frac{1}{1-j2}$$

$$\Gamma = \frac{z_{in}-1}{z_{in}+1} = \frac{j}{1-j} = \frac{\sqrt{2}}{2}e^{j153°}$$

$$P_L = P_0(1-|\Gamma|^2) = 0.5P_0$$

该例的结果表明，每只 H 面 90°拐角反射 20% 的功率，而把两只拐角级联，则总反射功率达 50%。可见，网络级联后的相互作用是十分重要的。

2.3.2 最佳传输问题

很多事物存在"二重性"。从上面的例子可得到启示：有无可能利用相互作用达到最佳传输？

例 2.3.3 任意 U 形拐角是由两只 H 面 90°拐角和一段电长度为 θ 的传输线构成的。试求 θ 与反射和传输功率的关系。其具体结构如图 2.3-4 所示。

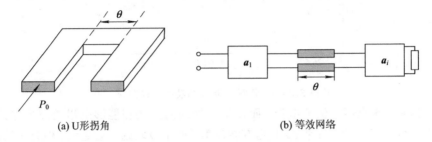

(a) U形拐角   (b) 等效网络

图 2.3-4 任意 U 形拐角和等效网络

解 总的 A 矩阵相当于三个元件的级联，即

$$a = \prod_{i=1}^{3} a_i = \begin{pmatrix} \cos\theta + \sin\theta & \mathrm{j}\sin\theta \\ -\mathrm{j}2\cos\theta & \cos\theta + \sin\theta \end{pmatrix}$$

由完全类似的步骤，得

$$\Gamma = \frac{\mathrm{j}(\cos\theta + 2\cos\theta)}{2(\cos\theta + \cos\theta) + \mathrm{j}(\cos\theta - 2\cos\theta)}$$

容易得到负载功率 P_L 与 P_0 的关系：

$$\frac{P_L}{P_0} = 1 - |\Gamma|^2 = \frac{4}{5 + 4\sin\theta\cos\theta + 3\cos\theta^2}$$

为求最佳和最劣传输所对应的 θ，可对上式分母求导并令其为零，即

$$\frac{\mathrm{d}(5 + 4\sin\theta\cos\theta + 3\cos^2\theta)}{\mathrm{d}\theta} = 0$$

于是，最佳传输有

$$\theta = n \times 180° + 116.565°$$

这时，所对应的反射系数模为

$$|\Gamma|_{\min} = 0$$

而最劣传输有

$$\theta = n \times 180° + 26.565°$$

这时所对应的反射系数模为

$$|\Gamma|_{\max} = 0.7454$$

负载吸收功率曲线如图 2.3 - 5 所示。

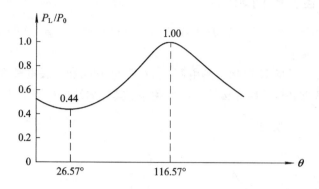

图 2.3 - 5 任意 U 形拐角功率传输曲线

这里，重点不在例子本身，而在于所处理的方法和能够引出的重要概念。由上面的例子知道：一个 90°拐角存在反射，两个级联则反射更大。但是把这两个拐角和传输线段放在一起，则在适当条件下，可以做出反射很小的元件。这正是充分利用了相互作用的结果——以反抵反。

实际上，H 面 90°拐角可以做成如图 2.3 - 6 所示的形式。

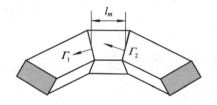

图 2.3 - 6 H 面 90°拐角

适当选择 l_m，可以得到一定带宽的小反射元件。推荐 $l_m = 0.38\lambda_g$ 或 $0.55a$。

可以设想，能够设计并利用多个反射点，使它们相互作用的结果有利于最大传输，各反射点之间由传输线段相连。根据这一思想，出现了多节阻抗变换器。

由此可见，传输线段对于微波网络所起的作用远不是低频电路中导线那样的"配角"，而在这里担当举足轻重的"角色"。这正是由微波波动特性所确定的。

2.4 多端口网络 S 散射参数

2.4.1 S 散射参数的基本性质

对于如图 2.4 - 1 所示的 n 端口网络，有

$$\begin{bmatrix} b_1 \\ b_2 \\ \vdots \\ b_n \end{bmatrix} = \begin{bmatrix} S_{11} & S_{12} & \cdots & S_{1n} \\ S_{21} & S_{22} & \cdots & S_{2n} \\ \vdots & \vdots & \vdots & \vdots \\ S_{n1} & S_{n2} & \cdots & S_{m} \end{bmatrix} = \begin{bmatrix} a_1 \\ a_2 \\ \vdots \\ a_n \end{bmatrix} \tag{2.4.1}$$

或写成紧凑形式

$$\boldsymbol{b} = \boldsymbol{Sa} \tag{2.4.2}$$

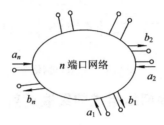

图 2.4 - 1 n 端口网络

S 散射参数有下列基本性质：

（1）互易性。

对于互易网络，有

$$S_{ij} = S_{ji} \quad (i, j = 1, 2, 3, \cdots, n) \tag{2.4.3}$$

（2）无耗性。定义

$$E = P_{\text{in}} - P_{\text{sc}} \tag{2.4.4}$$

其中，P_{in} 和 P_{sc} 分别表示网络全部的入射功率和散射功率。

由 S 散射参数定义，有

$$P_{\text{in}} = \frac{1}{2} \boldsymbol{a}^+ \boldsymbol{a} = \frac{1}{2} \boldsymbol{a}^+ \boldsymbol{Ia} \tag{2.4.5}$$

$$P_{\text{sc}} = \frac{1}{2} \boldsymbol{b}^+ \boldsymbol{b} = \frac{1}{2} \boldsymbol{a}^+ \boldsymbol{S}^+ \boldsymbol{Sa} \tag{2.4.6}$$

其中，"+"表示埃尔米特矩阵符号。

无耗网络能量守恒，入射功率应等于散射功率，即

$$E = \boldsymbol{a}^+ \{\boldsymbol{I} - \boldsymbol{S}^+ \boldsymbol{S}\} \boldsymbol{a} = 0 \tag{2.4.7}$$

其中 $\boldsymbol{I}$ 为单位阵。式中对任何激励 $\boldsymbol{a}$ 都成立，故有

$$\boldsymbol{S}^+ \boldsymbol{S} = \boldsymbol{I} \tag{2.4.8}$$

这个性质常称为无耗网络的幺正性。

（3）有源性。有源网络表明网络内部存在一个电源，使得网络的散射功率大于入射功率，即 $E < 0$，这种网络一般对应有源电路，如放大器、混频器等。

（4）有耗性。有源网络表明网络内部存在损耗，使得网络的散射功率小于

入射功率，即 $E>0$，这时网络没有幺正性，S 参数之间满足一个不等式约束关系。

（5）双口网络输入反射系数与负载反射系数 Γ_L 的关系。考虑如图 2.4 - 2 的双口网络，容易得到 Γ_{in} 和 Γ_L 的关系为

$$\Gamma_{in} = \frac{b_1}{a_1} = S_{11} + \frac{S_{12} S_{21} \Gamma_L}{1 - S_{22} \Gamma_L} \tag{2.4.9}$$

图 2.4 - 2　双口网络

2.4.2　两个相同无耗网络组成的级联反射

考虑两个相同的无耗网络，中间有传输线段 θ 所组成网络的级联反射。假定终端负载无反射（$\Gamma_L=0$），如图 2.4 - 3 所示。

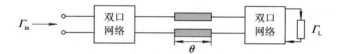

图 2.4 - 3　两个相同无耗网络组成的级联

由于 $\Gamma_L=0$，由式(2.4.9)得到图 2.4 - 3 中右面网络的输入端反射系数为 S_{11}，该反射系数经传输线段 θ 后，变为 $S_{11} e^{-j2\theta}$，把其带入式(2.4.9)，得到

$$\Gamma_{in} = \frac{b_1}{a_1} = S_{11} + \frac{S_{11} S_{12} S_{21} e^{-j2\theta}}{1 - S_{11} S_{22} e^{-j2\theta}} \tag{2.4.10}$$

由无耗网络的幺正性条件，容易得到

$$\begin{cases} |S_{11}|^2 + |S_{21}|^2 = 1, \ |S_{12}|^2 + |S_{22}|^2 = 1 \\ S_{11}^* S_{12} + S_{21}^* S_{22} = 0 \end{cases} \tag{2.4.11}$$

于是有

$$|S_{11}| = |S_{22}| \tag{2.4.12}$$

$$S_{12} S_{21} = (1 - |S_{11}|^2) e^{j2\phi_{12}} \tag{2.4.13}$$

$$2\phi_{12} = \pm 180° + (\phi_{11} + \phi_{22}) \tag{2.4.14}$$

上面式中已应用了互易网络条件，且 ϕ_{ij} 均表示对应 S_{ij} 的相角。若再引入参量

$$\psi = \phi_{11} + \phi_{22} - 2\theta \tag{2.4.15}$$

则有

$$\Gamma_{in} = \frac{S_{11}(1 - e^{j\psi})}{1 - |S_{11}|^2 e^{j\psi}} \tag{2.4.16}$$

或

$$|\Gamma_{in}|^2 = 4F(\psi) \tag{2.4.17}$$

其中

$$F(\psi) = \cfrac{1}{\operatorname{cosec}^2\left(\cfrac{\psi}{2}\right)\left[\cfrac{1-|S_{11}|^2}{2|S_{11}|^2}\right]^2 + 1}$$

这样，明显地，当 $\sin\left(\cfrac{\psi}{2}\right) = 0$ 时，$|\Gamma_{in}|$ 取最小，且

$$|\Gamma_{in}|_{min} = 0$$

这时所对应的最佳传输条件为

$$\theta_p = \frac{1}{2}(\phi_{11} + \phi_{22}) \tag{2.4.18}$$

当 $\sin\left(\cfrac{\psi}{2}\right) = 1$ 时，$|\Gamma_{in}|$ 取最大，且

$$|\Gamma_{in}|_{max} = \frac{2|S_{11}|}{1 + 2|S_{11}|^2} \tag{2.4.19}$$

这时所对应的最劣传输条件为

$$\theta_m = \theta_p + 90° \tag{2.4.20}$$

十分明显，不管何种情况，最佳传输和最劣传输所对应的 θ 都互差 $90°$ 的奇数倍。因为式(2.4.18)和式(2.4.20)均可再任意加 $180° \times n$。

例 2.4.1 采用 S 散射参数研究例 2.3.3 的任意 U 形拐角的功率传输问题。

解 采用 S 散射参数观点，可把任意 U 形拐角看作两只 H 面 $90°$ 拐角组成的级联反射，且每个拐角都是对称网络。由例 2.3.1 知右侧拐角的输入反射系数为 $0.4427\mathrm{e}^{\mathrm{j}116.585°}$，令其为网络的 S_{11}，即

$$S_{11} = 0.4427\mathrm{e}^{\mathrm{j}116.585°}$$

计及式(2.4.18)，并考虑到 $S_{11} = S_{22}$，于是有

$$\theta_p = \phi_{11} = 116.585°$$

这时，所对应的 $|\Gamma_{in}|_{min} = 0$。而最劣传输条件为

$$\theta_m = \theta_p - 90° = 26.565°$$

这时

$$|\Gamma|_{max} = \frac{2|S_{11}|}{1 + |S_{11}|^2} = 0.7454$$

与 a 矩阵分析结果完全一致。

2.4.3 广义散射参数

上面所定义的 S 矩阵是针对微波电路的，它完全取决于网络本身，而不受外界电路的影响，在电路理论中，它将随端口所接负载的不同而不同。

图 2.4-4 表示与电源电路相连接的 n 端口网络 N，其参考阻抗矩阵为

$$z(s) = \begin{bmatrix} z_{g1}(s) & 0 & \cdots & 0 \\ 0 & z_{g2}(s) & \cdots & 0 \\ & & \vdots & \\ 0 & 0 & \cdots & z_{gn}(s) \end{bmatrix} \qquad (2.4.21)$$

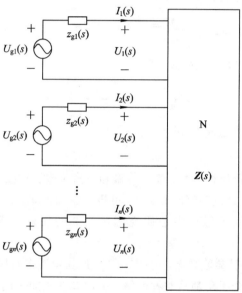

图 2.4-4 n 端口网络

端口电压、端口电流和电源电压分别为

$$U(s) = \begin{bmatrix} U_1(s) \\ U_2(s) \\ \vdots \\ U_n(s) \end{bmatrix}, \quad I(s) = \begin{bmatrix} I_1(s) \\ I_2(s) \\ \vdots \\ I_n(s) \end{bmatrix}, \quad U_g(s) = \begin{bmatrix} U_{g1}(s) \\ U_{g2}(s) \\ \vdots \\ U_{gn}(s) \end{bmatrix} \qquad (2.4.22)$$

n 端口网络的阻抗矩阵为

$$Z(s) = \begin{bmatrix} Z_{11}(s) & Z_{12}(s) & \cdots & Z_{1n}(s) \\ Z_{21}(s) & Z_{22}(s) & \cdots & Z_{2n}(s) \\ & & \vdots & \\ Z_{n1}(s) & Z_{n2}(s) & \cdots & Z_{m}(s) \end{bmatrix} \qquad (2.4.23)$$

它们分别是实频率下对应量在整个复平面的解析延拓。比如 $\bar{z}(j\omega) = z(-j\omega)$ 的解析延拓是 $z(-s)$ 以 $z^*(s) = z(-s)$ 表示的。在实频率下，最佳匹配条件是 $Z(j\omega) = \bar{z}(j\omega) = z(-j\omega)$，而对于所有复频率 s，最佳匹配条件是 $Z(s) = z(-s) = z^*(s)$。

用 $U_i(s)$ 和 $I_i(s)$ 表示入射电压和入射电流，它们是在共轭匹配情况下的实际电压和电流，即

$$U_i(s) = \begin{bmatrix} U_{i1}(s) \\ U_{i2}(s) \\ \vdots \\ U_{in}(s) \end{bmatrix} = z^*(s)[z^*(s) + z(s)]^{-1} U_g(s)$$

$$= \frac{1}{2} z^*(s) r^{-1}(s) U_g(s) \qquad (2.4.24)$$

$$I_i(s) = \begin{bmatrix} I_{i1}(s) \\ I_{i2}(s) \\ \vdots \\ I_{in}(s) \end{bmatrix} = [z^*(s) + z(s)]^{-1} U_g(s) = \frac{1}{2} r^{-1}(s) U_g(s) \quad (2.4.25)$$

式中，

$$r(s) = \frac{1}{2}[z(s) + z^*(s)] \qquad (2.4.26)$$

是电源阻抗的偶部，也叫作 $z(s)$ 的准埃尔米特部分。

在非共轭匹配的情况下，将有反射电压和反射电流，分别用 $U_r(s)$ 和 $I_r(s)$ 表示，即

$$U_r(s) = \begin{bmatrix} U_{r1}(s) \\ U_{r2}(s) \\ \vdots \\ U_{rn}(s) \end{bmatrix}, \quad I_r(s) = \begin{bmatrix} I_{r1}(s) \\ I_{r2}(s) \\ \vdots \\ I_{rn}(s) \end{bmatrix} \qquad (2.4.27)$$

根据传输线理论，实际工作电压和电流分别为

$$\begin{cases} U(s) = U_i(s) + U_r(s) \\ I(s) = I_i(s) - I_r(s) \end{cases} \qquad (2.4.28)$$

电流散射矩阵和电压散射矩阵的定义为

$$\begin{cases} \boldsymbol{U}_\mathrm{r}(s) = \boldsymbol{S}^U(s)\boldsymbol{U}_\mathrm{i}(s) \\ \boldsymbol{I}_\mathrm{r}(s) = \boldsymbol{S}^I(s)\boldsymbol{I}_\mathrm{i}(s) \end{cases} \tag{2.4.29}$$

容易推得

$$\begin{cases} \boldsymbol{S}^I(s) = [\boldsymbol{Z}(s) + \boldsymbol{z}(s)]^{-1}[\boldsymbol{Z}(s) - \boldsymbol{z}^*(s)] \\ \boldsymbol{S}^U(s) = \boldsymbol{z}(s)[\boldsymbol{Z}(s) + \boldsymbol{z}(s)]^{-1}[\boldsymbol{Z}(s) - \boldsymbol{z}^*(s)]\boldsymbol{z}^+(s) \end{cases} \tag{2.4.30}$$

式(2.4.30)说明,一般情况下,电流散射参数和电压散射参数是不同的,这使实际使用很不方便,通过归一化可以将它们统一起来。

考虑任一端口 k 上的有理阻抗 $z_{gk}(s)$ 的准埃尔米特部分 $r_k(s)$,容易看出,$r_k(s)$ 是偶函数,它为两个偶多项式之比。这就意味着 $r_k(s)$ 的极点和零点对于实轴和虚轴呈象限对称。因此,可将 $r_k(s)$ 分解为如下的因式:

$$r_k(s) = h_k(s)h_k^*(s) \tag{2.4.31}$$

实现上式唯一分解的条件是:

(1) $r_k(s)$ 在开 LHS(左半平面)的极点属于 $h_k(s)$,在开 RHS(右半平面)的极点属于 $h_k^*(s)$。

(2) $r_k(s)$ 在开 RHS 的零点属于 $h_k(s)$,在开 LHS 的零点属于 $h_k^*(s)$。

(3) $r_k(s)$ 在 $j\omega$ 轴上的零点(是偶重的)均等分配给 $h_k(s)$ 和 $h_k^*(s)$。

归一化入射波和归一化反射波定义为

$$\begin{cases} \boldsymbol{a}(s) = \boldsymbol{h}^*(s)\boldsymbol{I}_\mathrm{i}(s) \\ \boldsymbol{b}(s) = \boldsymbol{h}(s)\boldsymbol{I}_\mathrm{r}(s) \end{cases} \tag{2.4.32}$$

归一化散射矩阵 $\boldsymbol{S}(s)$ 定义为

$$\boldsymbol{b}(s) = \boldsymbol{S}(s)\boldsymbol{a}(s) \tag{2.4.33}$$

最后得到

$$\begin{cases} \boldsymbol{a}(s) = \dfrac{1}{2}\boldsymbol{h}^{-1}(s)[\boldsymbol{U}(s) + \boldsymbol{z}(s)\boldsymbol{I}(s)] \\ \boldsymbol{b}(s) = \dfrac{1}{2}\boldsymbol{h}^+(s)[\boldsymbol{U}(s) - \boldsymbol{z}^*(s)\boldsymbol{I}(s)] \end{cases} \tag{2.4.34}$$

2.5　无耗互易网络的几个重要定理

定理 2.5.1　无耗互易双口网络具有如下的基本性质:

(1) 若一个端口匹配,则另一个端口自动匹配;

(2) 若网络是完全匹配的,即两个端口均匹配,则必然是完全传输的;

(3) S_{11}、S_{21} 和 S_{22} 的相角只有两个是独立的,已知其中的两个相角,则第三个相角便可确定。

定理 2.5.2 无耗互易三端口网络不可能完全匹配，即三个端口不可能同时都匹配。

证明 设无耗互易三端口网络的 S 矩阵为

$$S = \begin{bmatrix} S_{11} & S_{12} & S_{13} \\ S_{12} & S_{22} & S_{23} \\ S_{13} & S_{23} & S_{33} \end{bmatrix}$$

假设 $S_{11} = S_{22} = S_{33} = 0$，则由幺正性 $S^+ S = I$ 得

$$S_{13}^* S_{23} = S_{12}^* S_{23} = S_{12}^* S_{13} = 0$$

$$|\det S| = |S_{12} S_{23} S_{13} + S_{12} S_{23} S_{13}| = 2|S_{12} S_{13} S_{23}| = 1$$

上述两式相矛盾，故假设 $S_{11} = S_{22} = S_{33} = 0$ 不成立。

2.6 参考面移动对网络参数的影响

如图 2.6-1 所示，已知由参考面 T_1，T_2，$\cdots$，T_n 所构成网络的散射矩阵为 S，由参考面 T_1'，T_2'，$\cdots$，T_n' 所构成网络的散射矩阵为 S'，T_i' 与 T_i 之间传输线段的电长度为 $\theta_i (i = 1, 2, \cdots, n)$。

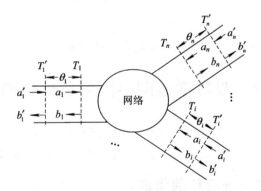

图 2.6-1 参考面移动对网络的影响

根据 S 矩阵定义，有

$$\begin{cases} b = Sa \\ b' = S'a' \end{cases} \tag{2.6.1}$$

不同参考面上归一化入射波和反射波的关系为

$$\begin{cases} b_i' = e^{-j\theta_i} b_i \\ a_i = e^{-j\theta_i} a_i' \end{cases}$$

即

$$\boldsymbol{b} = \mathrm{diag}\{e^{+j\theta_1},\ e^{+j\theta_2},\ \cdots,\ e^{+j\theta_n}\}\boldsymbol{b}'$$

$$\boldsymbol{a} = \mathrm{diag}\{e^{-j\theta_1},\ e^{-j\theta_2},\ \cdots,\ e^{-j\theta_n}\}\boldsymbol{a}'$$

其中，diag 表示对角矩阵，于是

$$\mathrm{diag}\{e^{j\theta_1},\ e^{j\theta_2},\ \cdots,\ e^{j\theta_n}\}\boldsymbol{b}' = \boldsymbol{S}\mathrm{diag}\{e^{-j\theta_1},\ e^{-j\theta_2},\ \cdots,\ e^{-j\theta_n}\}\boldsymbol{a}'$$

即

$$\boldsymbol{b}' = \begin{bmatrix} e^{-j\theta_1} & & & \\ & e^{-j\theta_2} & & \\ & & \ddots & \\ & & & e^{-j\theta_n} \end{bmatrix} \boldsymbol{S} \begin{bmatrix} e^{-j\theta_1} & & & \\ & e^{-j\theta_2} & & \\ & & \ddots & \\ & & & e^{-j\theta_n} \end{bmatrix} \boldsymbol{a}'$$

所以

$$\boldsymbol{S}' = \begin{bmatrix} e^{-j\theta_1} & & & \\ & e^{-j\theta_2} & & \\ & & \ddots & \\ & & & e^{-j\theta_n} \end{bmatrix} \boldsymbol{S} \begin{bmatrix} e^{-j\theta_1} & & & \\ & e^{-j\theta_2} & & \\ & & \ddots & \\ & & & e^{-j\theta_n} \end{bmatrix}$$

各矩阵元之间的关系为

$$S'_{ii} = S_{ii}e^{-2j\theta_i}$$

$$S'_{ij} = S_{ij}e^{-j(\theta_i+\theta_j)}$$

可以看出，参考面的移动改变的只是矩阵元的相位。

2.7 双口微波网络散射参数的测量

双口微波网络 S 参数的测量需要涉及行波在两个端口的反射和传输。采用矢量网络分析仪频域进行测量，可方便获取微波器件的 S 参数。

2.7.1 矢量网络分析仪的组成

矢量网络分析仪(Vector Network Analyzers，VNA)是目前较为成熟且常用的一种微波网络参数测量仪器，主要用于测量反射参数和传输参数，是一种功能强大的、高集成度和高性能的智能化测量仪器，广泛应用于天线、滤波器、放大器等器件的参数测量，并且能实现参数间的自动转换，因此微波器件散射参数的测量离不开矢量网络分析仪。大多数矢量网络分析仪虽然在设计细节方面有所差别，但是基本组成是相同的，如图 2.7 - 1 所示。矢量网络分析仪包括激励信号源、测试端口 DUT(包括信号分离装置)、接收/检测单元和信号处理/显示单元四部分。激励信号源主要是在整个感兴趣的频率和功率范围内为被测网络提供激励信号。现代矢量网络分析仪广泛采用合成扫频信号源。信号分离装置包含功分器和定向耦合器，用于分离并提取被测件的入射信号、反射信号和传输信号。矢量网络分析仪常采用定向亲合器方法分离信号，其指标决定了矢量网络分析仪的测量范围，采用误差修正技术，可实现高精度测量。矢量网络分析仪采用窄带锁相接收机和同步检测技术，能够同时得到被测网络的反射、传输和入射信号的幅度和相位特性，信号处理/显示单元主要对被测试件(Device Under Test，DUT)进行处理和显示。

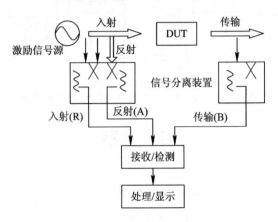

图 2.7-1　矢量网络分析仪的主要组成部分

2.7.2　矢量网络分析仪测量 S 参数的传统方法

采用矢量网络分析仪测量 DUT 的 S 参数时，需要进行正向测量和反向测量。图 2.7-2 是测量正向参数 S_{11} 和 S_{21} 的实验系统。若要测量反向参数 S_{12} 和 S_{22}，则必须将 DUT 反过来连接。可以看出，矢量网络分析仪有一个输出端口，该端口可以输出射频信号；有两个定向耦合器，用于测量反射参数；另外还有三个测量通道，分别标为 R、A 和 B。激励信号源产生激励信号和本振信号并锁相在同一个信号基准上，激励信号到 DUT 上，定向耦合器分离出 DUT 的正向入射波信号 R、反射波信号 A 和传输波信号 B，包含被测网络幅度和相位信息的信号被送入接收机混频，然后混频信号经过数字信号处理器(DSP)处理后，通过比值运算，求出被测网络的 S 参数。

$$S_{11} = \frac{A}{R}, \; S_{21} = \frac{B}{R} \tag{2.7.1}$$

当然，现在的网络分析仪测试 S 参数简单多了，可以一次性测出被测试件的所有 S 参数。

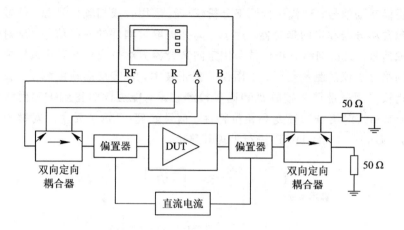

图 2.7-2 测量正向参数 S_{11} 和 S_{21} 的实验系统

习　　题

2.1　测得某双端口网络的 S 矩阵为 $S = \begin{bmatrix} 0.1 & j0.8 \\ j0.8 & 0.2 \end{bmatrix}$，此网络是否互易？如果端口 2 短路，求端口 1 的输入反射系数。

2.2　在三端口网络中，假定端口 1、2 匹配，试证明适当选择参考面可使 S 矩阵为

$$S = \begin{bmatrix} 0 & 1 & 0 \\ 1 & 0 & 0 \\ 0 & 0 & 1 \end{bmatrix}$$

第三章　微波网络分析

网络理论分为网络分析和网络综合两部分。网络分析是在已知电路结构的条件下，求出网络参数，进而得到其网络特性。网络综合是网络分析的逆过程，它是根据预先给定的工作特性指标，运用一定的数学方法，求出物理上可以实现的网络结构，以满足其工作特性。

本章主要介绍网络分析的基本方法和步骤，给出 Weissfloch 圆分析法和非线性网络的频域分析法，最后对 Ansoft Designer 软件进行简单介绍。

3.1　网络分析步骤

随着微波电路集成化和复杂化的发展，在网络分析方面提出了许多新的课题，其中主要有复杂多端口连接与分解的节省机时方法、线性与非线性混合参数电路的统一分析方法、多频激励下非线性电路的分析以及放大器与混频器的噪声分析等。在现代的微波集成电路中，同时包含线性与非线性两类元件的非线性电路占有主要地位。这类电路的分析，按其两类元件是否在频域或时域进行，可分为全时域法、全频域法和时/频域混合法三类。

网络分析的一般步骤如图 3.1-1 所示。

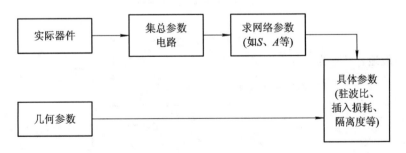

图 3.1-1　网络分析的一般步骤

需要注意的是，在将实际器件等效成电路的过程中，各集总元件的等效、连接及大小是需要重点关注的。

这里介绍辗转相除法，用它可将实际器件等效成电路。由输入阻抗函数 $Z_{in}(s)$ 等效到梯形网络的过程，都采用辗转相除法。

辗转相除法的实质是把输入阻抗函数 $Z_{in}(s)$ 展成连分式，直到除尽为止。

假设双端口网络的输入阻抗函数为

$$Z_{in}(s) = \frac{2s^3 + 2s^2 + 2s + 1}{2s^2 + 2s + 1} \tag{3.1.1}$$

把 $Z_{in}(s)$ 的分子多项式与分母多项式进行辗转相除：

$$
\begin{array}{r}
2s^2+2s+1 \overline{)2s^3+2s^2+2s+1} \ \big| s\cdots L_1 s \\
\underline{-2s^3+2s^2+\ s} \\
s+1\overline{)2s^2+2s+1} \ \big| 2s\cdots C_2 s \\
\underline{2s^2+2s} \\
1\overline{)s+1} \ \big| s\cdots L_3 s \\
\underline{s} \\
1\overline{)s+1} \ \big| s\cdots M \\
\underline{1} \\
0
\end{array}
\tag{3.1.2}
$$

于是，输入阻抗 $Z_{in}(s)$ 可写成连分数表示式：

$$Z_{in}(s) = s + \cfrac{1}{2s + \cfrac{1}{s + \cfrac{1}{1}}} \tag{3.1.3}$$

由 $Z_{in}(s)$ 综合出的梯形网络如图 3.1-2 所示。

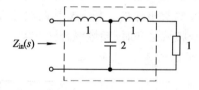

图 3.1-2　梯形网络

一般地，可写为

$$Z_{in}(s) = L_1 s + \cfrac{1}{C_2 s + \cfrac{1}{L_3 s + \cfrac{\ }{\ddots \ C_n s + \cfrac{1}{M}}}} \tag{3.1.4}$$

其中，n 为多项式最高次幂。n 为偶数时，M 为电阻；n 为奇数时，M 为电导。

3.2 复杂网络系统分析

复杂网络系统分析是微波网络理论发展出来的一个分支。如果已知各元件的网络特性，则经过连接组合后，整个系统的特性研究即为复杂网络要解决的任务。以下给出矩阵的广义连接法。

S 矩阵的广义连接法实际上是多端口网络理论的进一步推广。设有外接 m 端口网络，它是由若干子网络经过互连、接互载而成的，如图 3.2-1 所示。

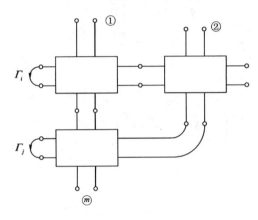

图 3.2-1 网络的广义连接

切断互连和接互载的端口，便可写出 n 端口网络的广义联合矩阵：

$$\begin{bmatrix} \boldsymbol{b}_{\mathrm{I}} \\ \boldsymbol{b}_{\mathrm{II}} \end{bmatrix} = \begin{bmatrix} \boldsymbol{S}_{\mathrm{I\,I}} & \boldsymbol{S}_{\mathrm{I\,II}} \\ \boldsymbol{S}_{\mathrm{II\,I}} & \boldsymbol{S}_{\mathrm{II\,II}} \end{bmatrix} \begin{bmatrix} \boldsymbol{a}_{\mathrm{I}} \\ \boldsymbol{a}_{\mathrm{II}} \end{bmatrix} \tag{3.2.1}$$

以及广义连接条件：

$$\boldsymbol{b}_{\mathrm{II}} = \boldsymbol{G}\,\boldsymbol{a}_{\mathrm{II}} \tag{3.2.2}$$

其中，矩阵 $\boldsymbol{G}$ 可写成

$$\boldsymbol{G} = \begin{bmatrix} \boldsymbol{G}_1 & \boldsymbol{0} \\ \boldsymbol{0} & \boldsymbol{G}_2 \end{bmatrix} \tag{3.2.3}$$

其中，$\boldsymbol{G}_1$ 表示互连矩阵。因为从广义来说，互相连接的端口不一定紧挨着，所以 $\boldsymbol{G}_1$ 可能不等于 $\boldsymbol{\varepsilon}$；$\boldsymbol{G}_2$ 表示广义互载矩阵。但要注意 $\boldsymbol{G}_2 = \boldsymbol{T}^{-1}$，式(3.2.1)中计及连接条件，有

$$\boldsymbol{G}\,\boldsymbol{a}_{\mathrm{II}} = \boldsymbol{S}_{\mathrm{II\,I}}\,\boldsymbol{a}_{\mathrm{I}} + \boldsymbol{S}_{\mathrm{II\,II}}\,\boldsymbol{a}_{\mathrm{II}}$$

或

$$\boldsymbol{a}_{\mathrm{II}} = (\boldsymbol{G} - \boldsymbol{S}_{\mathrm{II\,II}})^{-1}\,\boldsymbol{S}_{\mathrm{II\,I}}\,\boldsymbol{a}_{\mathrm{I}} \tag{3.2.4}$$

再代入式(3.2.1)中的第一个方程，可知

$$\boldsymbol{b}_{\mathrm{I}} = \boldsymbol{S}_m \boldsymbol{a}_{\mathrm{I}} \tag{3.2.5}$$

其中

$$\boldsymbol{S}_m = \boldsymbol{S}_{\mathrm{I\,I}} + \boldsymbol{S}_{\mathrm{I\,II}}(\boldsymbol{G} - \boldsymbol{S}_{\mathrm{II\,II}})^{-1}\boldsymbol{S}_{\mathrm{II\,I}} \tag{3.2.6}$$

例 3.2.1　双级环行器传输系统如图 3.2-2 所示，这是微波网络工程中为了增加隔离度所采用的一种措施。端口①和端口⑤作为输出端，在端口③和⑥分别接有负载 $\varGamma_{\mathrm{L}}^{A}$ 和 $\varGamma_{\mathrm{L}}^{B}$，端口②和④相互连接。设两环行器 $\boldsymbol{S}$ 为

$$\boldsymbol{S}^{A} = \boldsymbol{S}^{B} = \begin{bmatrix} 0 & 0 & 1 \\ 1 & 0 & 0 \\ 0 & 1 & 0 \end{bmatrix}$$

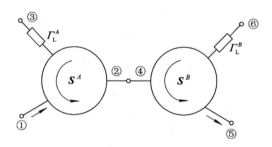

图 3.2-2　双级环行器传输系统

解　先写出广义联合矩阵 $\boldsymbol{S}_C$

$$\boldsymbol{S}_C = \begin{array}{c} \\ ① \\ ⑤ \\ ② \\ ④ \\ ③ \\ ⑥ \end{array}\begin{array}{c} ①⑤②④③⑥ \\ \begin{bmatrix} 0 & 0 & 0 & 0 & 1 & 0 \\ 0 & 0 & 0 & 1 & 0 & 0 \\ 1 & 0 & 0 & 0 & 0 & 0 \\ 0 & 0 & 0 & 0 & 0 & 1 \\ 0 & 0 & 1 & 0 & 0 & 0 \\ 0 & 1 & 0 & 0 & 0 & 0 \end{bmatrix} \end{array} \tag{3.2.7}$$

广义连接矩阵 $\boldsymbol{G}$ 为

$$\boldsymbol{G} = \begin{bmatrix} 0 & 1 & 0 & 0 \\ 1 & 0 & 0 & 0 \\ 0 & 0 & \dfrac{1}{\varGamma_{\mathrm{L}}^{A}} & 0 \\ 0 & 0 & 0 & \dfrac{1}{\varGamma_{\mathrm{L}}^{B}} \end{bmatrix} \tag{3.2.8}$$

于是

$$(\boldsymbol{G}-\boldsymbol{S}_{\mathrm{I\!I\,I\!I}})^{-1} = \begin{bmatrix} 0 & 1 & 0 & \Gamma_{\mathrm{L}}^{B} \\ 1 & 0 & 0 & 0 \\ 0 & \Gamma_{\mathrm{L}}^{A} & \Gamma_{\mathrm{L}}^{A} & \Gamma_{\mathrm{L}}^{A}\Gamma_{\mathrm{L}}^{B} \\ 0 & 0 & 0 & \Gamma_{\mathrm{L}}^{B} \end{bmatrix} \qquad (3.2.9)$$

最后可导出

$$\boldsymbol{S}_2 = \boldsymbol{S}_{\mathrm{I\,I}} + \boldsymbol{S}_{\mathrm{I\,I\!I}}(\boldsymbol{G}-\boldsymbol{S}_{\mathrm{I\!I\,I\!I}})^{-1}\boldsymbol{S}_{\mathrm{I\!I\,I}} = \begin{bmatrix} 0 & \Gamma_{\mathrm{L}}^{A}\Gamma_{\mathrm{L}}^{B} \\ 1 & 0 \end{bmatrix} \qquad (3.2.10)$$

可见，在理想环行器条件下，由端口①到端口⑤的传输为 $S_{51}=1$；而端口⑤到端口①的传输系数是 $S_{16}=\Gamma_{\mathrm{L}}^{A}\Gamma_{\mathrm{L}}^{B}$，它与负载有关。只要负载反射比较小，$S_{16}$ 将是 Γ_{L}^{2} 数量级。因此有着良好的隔离度。当环行器不理想时，计算要借助 CAD 分析，这里不再详述。

广义连接矩阵法特别对所有端口（包括外接端口）都已构成互连、接互载，或接电源的其中之一时，运用起来甚为方便。这时所不同的是支配方程中再需加上源的端口，即每个源也看成一个独立端口，如图 3.2-3 所示。

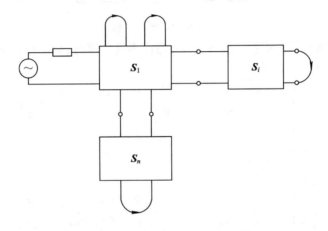

图 3.2-3 所有端口都已连接的系统

这时，入射波和反射波相联系的支配方程可写为

$$\boldsymbol{b} = \boldsymbol{S}\boldsymbol{a} + \boldsymbol{E} \qquad (3.2.11)$$

其中，源端口条件为

$$\boldsymbol{E} = \begin{bmatrix} E_1 \\ E_2 \\ \vdots \\ E_n \end{bmatrix} \qquad (3.2.12)$$

凡是没有源的端口，$E_i=0$。广义连接条件依然是式(3.2.2)，把它代入支

配方程(3.2.11)，注意这时 $b_{\mathrm{II}}=b$。因为全部端口均已广义连接，于是

$$Ga = Sa + E \tag{3.2.13}$$

或写成

$$(G-S)a = E \tag{3.2.14}$$

最后得到全部端口广义连接时的入射波矩阵：

$$a = (G-S)^{-1}E \tag{3.2.15}$$

例 3.2.2 研究如图 3.2-4 所示由三个网络组成的复杂网络。

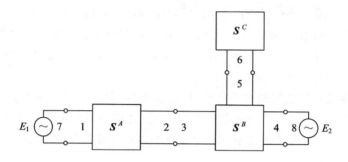

图 3.2-4 复杂网络

解 根据复杂网络的一般理论，先写出不接电源时(即不包括 7、8 两个端口)6 个端口的广义联合矩阵

$$
\begin{bmatrix} b_1 \\ b_4 \\ \vdots \\ b_2 \\ b_6 \\ b_5 \\ b_3 \end{bmatrix}
=
\begin{bmatrix}
S_{11}^A & 0 & S_{12}^A & 0 & 0 & 0 \\
0 & S_{22}^B & 0 & 0 & S_{23}^B & S_{31}^B \\
\vdots & \vdots & \cdots & \vdots & \vdots & \vdots & \vdots \\
S_{21}^A & 0 & S_{22}^A & 0 & 0 & 0 \\
0 & 0 & 0 & S^C & 0 & 0 \\
0 & S_{32}^B & 0 & 0 & S_{33}^B & S_{31}^B \\
0 & S_{12}^B & 0 & 0 & S_{13}^B & S_{11}^B
\end{bmatrix}
=
\begin{bmatrix} a_1 \\ a_4 \\ \vdots \\ a_2 \\ a_6 \\ a_5 \\ a_3 \end{bmatrix}
\tag{3.2.16}
$$

注意上面的写法中，互连端口并没有紧挨着。因此连接矩阵不等于 $\boldsymbol{\varepsilon}$，而可写出

$$
\begin{bmatrix} b_2 \\ b_6 \\ b_5 \\ b_3 \end{bmatrix}
=
\begin{bmatrix}
0 & 0 & 0 & 1 \\
0 & 0 & 1 & 0 \\
0 & 1 & 0 & 0 \\
1 & 0 & 0 & 0
\end{bmatrix}
=
\begin{bmatrix} a_2 \\ a_6 \\ a_5 \\ a_3 \end{bmatrix}
\tag{3.2.17}
$$

应用比较系数法求逆矩阵：

$$(\boldsymbol{G}-\boldsymbol{S})^{-1} = \begin{bmatrix} -S_{22}^A & 0 & 0 & 1 \\ 0 & -S^C & 1 & 0 \\ 0 & 1 & -S_{33}^B & 0 \\ 1 & 0 & 0 & -S_{11}^B \end{bmatrix}^{-1} = \frac{1}{\Delta}$$

$$\begin{bmatrix} [S_{13}^B S_{31}^B S^C + S_{11}^B(1-S_{33}^B S^C)] & [S_{13}^B S_{33}^B S^C + S_{13}^B(1-S_{33}^B S^C)] \\ [S_{31}^B(1-S_{11}^B S_{22}^A)+S_{11}^B S_{31}^B S_{22}^A] & [S_{33}^B(1-S_{11}^B S_{22}^A)+S_{13}^B S_{31}^B S_{22}^A] \\ S^C[S_{31}^B(1-S_{11}^B S_{22}^A)+S_{11}^B S_{31}^B S_{22}^A] & S^C[S_{33}^B(1-S_{11}^B S_{22}^A)+S_{13}^B S_{31}^B S_{22}^A]-\Delta \\ S^C[S_{13}^B S_{31}^B S^C + S_{11}^B(1-S_{33}^B S^C)]-\Delta & S^C[S_{13}^B S_{33}^B S^C + S_{13}^B(1-S_{33}^B S^C)] \end{bmatrix}$$

$$\begin{bmatrix} S_{31}^B S^C & (1-S_{33}^B S^C) \\ (1-S_{11}^B S_{22}^A) & S_{31}^B S_{22}^A \\ S^C(1-S_{11}^B S_{22}^A) & S_{31}^B S_{22}^A S^C \\ (S^C)^2 S_{13}^B & S^C(1-S_{33}^B S^C) \end{bmatrix} \tag{3.2.18}$$

其中，$\Delta = (1-S_{33}^B S^C)(1-S_{11}^B S_{22}^A) - S_{13}^B S_{31}^B S_{22}^A S^C$。

利用式(3.2.6)得到

$$\boldsymbol{S}_2 = \frac{1}{\Delta} \begin{bmatrix} S_{11}^A \Delta + S_{11}^A S_{21}^A [S_{13}^B S_{31}^B S^C + S_{11}^B(1-S_{33}^B S^C)] \\ S_{23}^B S_{21}^A S^C [S_{31}^B(1-S_{11}^B S_{22}^A)+S_{11}^B S_{31}^B S_{22}^A] \\ + S_{21}^B S_{21}^A \{S^C[S_{13}^B S_{31}^B S^C + S_{11}^B(1-S_{33}^B S^C)]-\Delta\} \\ S_{12}^A S_{13}^B S^C S_{32}^B + S_{12}^A(1-S_{33}^B S^C)S_{12}^B \\ S_{22}^B \Delta + S_{23}^B S^C(1-S_{11}^B S_{22}^A)S_{32}^B + S_{23}^B S_{31}^B S_{22}^A S^C S_{12}^B \\ + S_{21}^B(S^C)^2 S_{13}^B S_{23}^B + S_{21}^B S^C(1-S_{33}^B S^C)S_{12}^B \end{bmatrix} \tag{3.2.19}$$

另外有

$$\begin{bmatrix} a_2 \\ a_8 \\ a_5 \\ a_3 \end{bmatrix} = \begin{bmatrix} -S_{22}^A & 0 & 0 & 1 \\ 0 & -S^C & 1 & 0 \\ 0 & 1 & -S_{33}^B & -S_{31}^B \\ 1 & 0 & -S_{13}^B & -S_{11}^B \end{bmatrix}^{-1} \begin{bmatrix} S_{21}^A & 0 \\ 0 & 0 \\ 0 & S_{32}^B \\ 0 & S_{12}^B \end{bmatrix} \begin{bmatrix} a_1 \\ a_4 \end{bmatrix}$$

$$= \frac{1}{\Delta} \begin{bmatrix} S_{21}^A[S_{13}^B S_{31}^B S^C + S_{11}^B(1-S_{33}^B S^C)] & S_{13}^B S_{32}^B S^C + S_{12}^B(1-S_{33}^B S^C) \\ S_{21}^A[S_{31}^B(1-S_{11}^B S_{22}^A)+S_{11}^B S_{31}^B S_{22}^A] & S_{32}^B(1-S_{11}^B S_{22}^A)+S_{31}^B S_{22}^A S_{12}^B \\ S_{21}^A S^C[S_{31}^B(1-S_{11}^B S_{22}^A)+S_{11}^B S_{31}^B S_{22}^A] & S^C(1-S_{11}^B S_{22}^A)S_{32}^B + S_{31}^B S_{22}^A S^C S_{12}^B \\ S_{21}^A S^C[S_{13}^B S_{31}^B S^C + S_{11}^B(1-S_{33}^B S^C)]-S_{21}^A \Delta & (S^C)^2 S_{13}^B S_{32}^B + S^C(1-S_{33}^B S^C)S_{12}^B \end{bmatrix}$$

$$\times \begin{bmatrix} a_1 \\ a_4 \end{bmatrix} \tag{3.2.20}$$

下面，再进一步考虑把端口 7 和 8 分别接匹配源 E_1 和 E_2，即

$$\begin{cases} b_7 = E_1 \\ b_8 = E_2 \end{cases} \qquad (3.2.21)$$

这时，全部端口均已广义连接。此时端口联合矩阵可以写为

$$\begin{bmatrix} b_1 \\ b_2 \\ b_3 \\ b_4 \\ b_5 \\ b_6 \\ b_7 \\ b_8 \end{bmatrix} = \begin{bmatrix} S_{11}^A & S_{12}^A & 0 & 0 & 0 & 0 & 0 & 0 \\ S_{21}^A & S_{22}^A & 0 & 0 & 0 & 0 & 0 & 0 \\ 0 & 0 & S_{11}^B & S_{12}^B & S_{13}^B & 0 & 0 & 0 \\ 0 & 0 & S_{21}^B & S_{22}^B & S_{23}^B & 0 & 0 & 0 \\ 0 & 0 & S_{31}^B & S_{32}^B & S_{33}^B & 0 & 0 & 0 \\ 0 & 0 & 0 & 0 & 0 & S^C & 0 & 0 \\ 0 & 0 & 0 & 0 & 0 & 0 & 0 & 0 \\ 0 & 0 & 0 & 0 & 0 & 0 & 0 & 0 \end{bmatrix} \begin{bmatrix} a_1 \\ a_2 \\ a_3 \\ a_4 \\ a_5 \\ a_6 \\ a_7 \\ a_8 \end{bmatrix} + \begin{bmatrix} 0 \\ 0 \\ 0 \\ 0 \\ 0 \\ 0 \\ E_1 \\ E_2 \end{bmatrix} \qquad (3.2.22)$$

广义连接矩阵是

$$\begin{bmatrix} b_1 \\ b_2 \\ b_3 \\ b_4 \\ b_5 \\ b_6 \\ b_7 \\ b_8 \end{bmatrix} = \begin{bmatrix} 0 & 0 & 0 & 0 & 0 & 0 & 1 & 0 \\ 0 & 0 & 1 & 0 & 0 & 0 & 0 & 0 \\ 0 & 1 & 0 & 0 & 0 & 0 & 0 & 0 \\ 0 & 0 & 0 & 0 & 0 & 0 & 0 & 1 \\ 0 & 0 & 0 & 0 & 0 & 1 & 0 & 0 \\ 0 & 0 & 0 & 0 & 1 & 0 & 0 & 0 \\ 1 & 0 & 0 & 0 & 0 & 0 & 0 & 0 \\ 0 & 0 & 0 & 1 & 0 & 0 & 0 & 0 \end{bmatrix} \begin{bmatrix} a_1 \\ a_2 \\ a_3 \\ a_4 \\ a_5 \\ a_6 \\ a_7 \\ a_8 \end{bmatrix} \qquad (3.2.23)$$

利用式(3.2.15)，可得这时的入射波矩阵为

$$\begin{bmatrix} a_1 \\ a_2 \\ a_3 \\ a_4 \\ a_5 \\ a_6 \\ a_7 \\ a_8 \end{bmatrix} = \begin{bmatrix} -S_{11}^A & -S_{12}^A & 0 & 0 & 0 & 0 & 1 & 0 \\ -S_{21}^A & -S_{22}^A & 1 & 0 & 0 & 0 & 0 & 0 \\ 0 & 1 & -S_{11}^B & -S_{12}^B & -S_{13}^B & 0 & 0 & 0 \\ 0 & 0 & -S_{21}^B & -S_{22}^B & -S_{23}^B & 0 & 0 & 1 \\ 0 & 0 & -S_{31}^B & -S_{32}^B & -S_{33}^B & 1 & 0 & 0 \\ 0 & 0 & 0 & 0 & 1 & -S^C & 0 & 0 \\ 1 & 0 & 0 & 0 & 0 & 0 & 0 & 0 \\ 0 & 0 & 0 & 1 & 0 & 0 & 0 & 0 \end{bmatrix}^{-1} \begin{bmatrix} 0 \\ 0 \\ 0 \\ 0 \\ 0 \\ 0 \\ E_1 \\ E_2 \end{bmatrix}$$

$$(3.2.24)$$

应该指出，在上例中可以把 S^C 作为负载处理，这样可以少去一个端口而得到完全一样的结论。

3.3　网络分析中的 Weissfloch 圆分析法

在网络分析理论中，矩阵法和图论法始终是蓬勃发展的两大分支。矩阵法全面而简洁，图论法则直观而简单，尤其在微波领域中 Smith 圆应用得极为广泛。除此之外，Weissfloch 圆几何法和信号流图理论对于分析某些元件或系统也是十分有用的。

3.3.1　Weissfloch 圆几何法

微波工程中不少问题的数学模型是复数的双线性变换，因此其动态轨迹常常与圆和直线相联系。最简单的情况是如图 3.3-1 所示的任意负载 y_L，经过任意长无耗传输线 l，所反映的输入导纳 y_{in} 的轨迹是一个圆。圆心在实轴 g 上，坐标为

$$\left(\frac{1}{2}\left(\rho+\frac{1}{\rho}\right),\ 0\right) \tag{3.3.1}$$

直径与实轴 g 的交点为 ρ 和 $\frac{1}{\rho}$ 两点，即直径 $2R = \rho - \frac{1}{\rho}$，或半径为

$$R = \frac{1}{2}\left(\rho - \frac{1}{\rho}\right) \tag{3.3.2}$$

其中，ρ 是对应的系统负载驻波比。

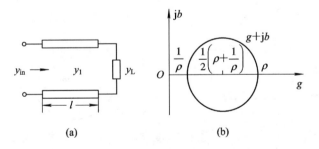

$$(a) \qquad\qquad\qquad (b)$$

图 3.3-1　任意负载 y_L 的输入导纳轨迹

证明　设负载的反射系数为 $\Gamma = |\Gamma|\ e^{j\varphi_\Gamma}$，则有

$$y_{in} = g + jb = \frac{1 - |\Gamma|\ e^{j2\theta}}{1 + |\Gamma|\ e^{j2\theta}} \tag{3.3.3}$$

其中 $2\theta = \varphi_\Gamma - 2\beta l$。由式(3.3.3)很易导出

$$\left(g - \frac{1 + |\Gamma|^2}{1 - |\Gamma|^2}\right)^2 + b^2 = \left(\frac{2|\Gamma|}{1 - |\Gamma|^2}\right)^2 \tag{3.3.4}$$

式(3.3.4)表明：g 和 b 构成一圆方程，圆心坐标为 $\left(\dfrac{1+|\Gamma|^2}{1-|\Gamma|^2},\ 0\right)$，而半径 R 为

$\dfrac{2|\Gamma|}{1-|\Gamma|^2}$。

容易证明：

$$\frac{1}{2}\left(\rho+\frac{1}{\rho}\right)=\frac{1}{2}\left(\frac{1+|\Gamma|}{1-|\Gamma|}+\frac{1-|\Gamma|}{1+|\Gamma|}\right)=\frac{1+|\Gamma|^2}{1-|\Gamma|^2} \tag{3.3.5}$$

$$\frac{1}{2}\left(\rho-\frac{1}{\rho}\right)=\frac{1}{2}\left(\frac{1+|\Gamma|}{1-|\Gamma|}-\frac{1-|\Gamma|}{1+|\Gamma|}\right)=\frac{2|\Gamma|}{1-|\Gamma|^2} \tag{3.3.6}$$

值得指出：对于输入阻抗 $z_{in}=r+jx$ 也有类似的结论，即

$$\left(r-\frac{1+|\Gamma|^2}{1-|\Gamma|^2}\right)^2+x^2=\left(\frac{2|\Gamma|}{1-|\Gamma|^2}\right)^2 \tag{3.3.7}$$

进一步观察得到：若在传输线上跨接电导 g_1 或电纳 b_1，输入导纳所变化的仅仅是把圆在实轴上和虚轴上作平移，详见图 3.3-2。

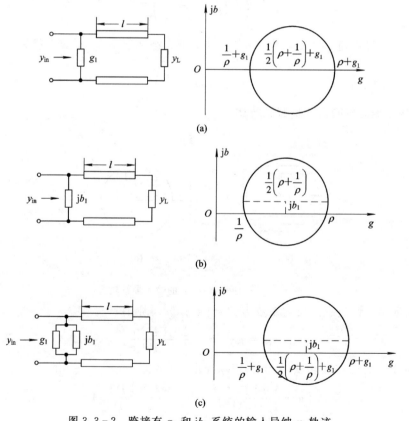

图 3.3-2　跨接有 g_1 和 jb_1 系统的输入导纳 y_{in} 轨迹

如果是阻抗 z_{in}，则因为 $z_{in} = 1/y_{in}$，从复变函数理论的角度而言，左边式子是一反演。总而言之，始终有圆变换成圆或直线。这样，保角变换的一系列研究方法和结论在这里都将获得应用。这就构成了 Weissfloch 圆几何法。它的特点是 g、b（或 r、x）轨迹直观、明显，缺点是长度 l 或对频率 ω 比较难求，这一点不如 Smith 圆图。

例 3.3.1 喇叭匹配问题。在参考面 T 测得的喇叭的反射系数 $\Gamma = 0.3e^{j\pi/4}$。现拟采用感性膜片匹配，试求匹配导纳 jb_0。问题结构如图 3.3−3 所示。

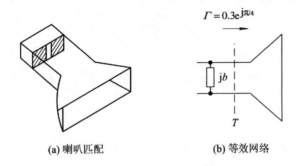

(a) 喇叭匹配　　　　　　(b) 等效网络

图 3.3−3　喇叭匹配及等效网络

解　系统驻波比 $\rho = \dfrac{1+|\Gamma|}{1-|\Gamma|} = 1.857$，于是，

$$\frac{1}{2}\left(\rho + \frac{1}{\rho}\right) = 1.198, \quad \frac{1}{2}\left(\rho - \frac{1}{\rho}\right) = 0.6595$$

可以画出任何长度的输入导纳轨迹，如图 3.3−4(a) 所示。所谓匹配，即要使 $y_{in} = 1 + j0$ 这点落在 y_{in} 圆轨迹上。当 b_0 为负（即感性）时，加上膜片后的轨迹如图 3.3−4(b) 所示。由几何关系易求出

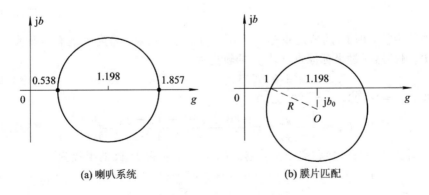

(a) 喇叭系统　　　　　　(b) 膜片匹配

图 3.3−4　喇叭匹配轨迹

$$b_0 = -\sqrt{R^2 - \left[\frac{1}{2}\left(\rho + \frac{1}{\rho}\right) - 1\right]^2} = -0.6290 \qquad (3.3.8)$$

3.3.2 圆变换定理及应用

假定 A、B、C、D、M 均为复数，则双线变换

$$W = \frac{Ae^{j\varphi} + B}{Ce^{j\varphi} + D} = R_c + R \qquad (3.3.9)$$

的轨迹是随 φ 变化的一个圆。其中圆心为

$$R_c = \frac{BD^* - AC^*}{|D|^2 - |C|^2} \qquad (3.3.10)$$

而动态半径为

$$R = \frac{(AD - BC)e^{j\varphi}(D^* + C^*e^{-j\varphi})}{(|D|^2 - |C|^2)(D + Ce^{j\varphi})} \qquad (3.3.11)$$

$$
\begin{aligned}
W &= \frac{Ae^{j\varphi} + B}{Ce^{j\varphi} + D} \\
&= \frac{BD^* - AC^*}{|D|^2 - |C|^2} + \frac{(AD - BC)e^{j\varphi}(D^* + C^*e^{-j\varphi})}{(|D|^2 - |C|^2)(D + Ce^{j\varphi})} \\
&= \frac{BDD^* - AC^*D - ACC^*e^{j\varphi} + BD^*Ce^{j\varphi} + ADD^*e^{j\varphi} - BD^*Ce^{j\varphi} + AC^*D - BCC^*}{(|D|^2 - |C|^2)(Ce^{j\varphi} + D)}
\end{aligned}
$$

$$(3.3.12)$$

得证。

例 3.3.2 在例 3.3.1 中，若假定喇叭反射系数 Γ 不随频率变化，求这种匹配系统在任意频率工作时的最大反射系数 $|\Gamma_{in}|_{max}$。

解 膜片匹配后 y_{in} 的轨迹如图 3.3-4(b)所示。考虑到输入反射系数 Γ_{in} 与 y_{in} 的关系

$$\Gamma_{in} = \frac{1 - y_{in}}{1 + y_{in}} \qquad (3.3.13)$$

是双线变换，即 Γ_{in} 的轨迹也是一个圆，$|\Gamma_{in}|_{max} = 2R$。因为系统有匹配点，所以 Γ_{in} 圆必然通过坐标原点。设 y_{in} 的轨迹为

$$y_{in} = y_0 + 0.6595e^{j\varphi} = g_0 + jb_0 + 0.6595e^{j\varphi} \qquad (3.3.14)$$

其中，$g_0 = 1.198$，$b_0 = -0.6290$，

$$\Gamma_{in} = \frac{1 - y_{in}}{1 + y_{in}} = -\frac{-0.6595e^{j\varphi} + (1 - g_0 - jb_0)}{0.6595e^{j\varphi} + (1 + g_0 + jb_0)} \qquad (3.3.15)$$

对比式(3.3.14)和圆变换普遍式(3.3.9)，可得 Γ_{in} 圆的半径为

$$R = \frac{1 - 0.6595(1 + g_0 + jb_0) - 0.6595(1 - g_0 - jb_0)}{(1 + g_0)^2 + b_0^2 - (0.6595)^2} = 0.2755$$

$$(3.3.16)$$

最后有

$$|\Gamma_{in}|_{max} = 2R = 0.5510 \qquad (3.3.17)$$

3.4 微波非线性网络的频域分析

本节介绍一种微波非线性网络的频域分析方法——沃尔特拉级数展开法。

沃尔特拉(Volterra)级数展开法是一种利用频域内的解析式来分析非线性电路的方法,与时域法和谐波平衡法等数值法相比,其计算效率要高得多,故更适用于分析多频响应。对于弱非线性电路,采用一般的沃尔特拉级数展开法就可得到比较好的结果。但对于混频器这类具有较强非线性的电路,则需要利用它的改进型。

1. 经典的沃尔特拉级数展开法

一个非线性系统的输入信号 $x(t)$ 和输出信号 $y(t)$ 的关系,可用一个非线性的泛函表示,而这一非线性泛函又可用一个泛函级数展开式表示:

$$y(t) = \int_{-\infty}^{+\infty} K_1(\tau)x(t-\tau)d\tau + \iint_{-\infty}^{+\infty} K_2(\tau_1,\tau_2)x(t-\tau_1)x(t-\tau_2)d\tau_1 d\tau_2 + \cdots$$

$$= \sum_{-\infty}^{+\infty} y_n(t) \qquad (3.4.1)$$

$$y_n(t) = \iint_{-\infty}^{+\infty} K_n(\tau_1, \tau_2, \cdots, \tau_n) \prod_{i=1}^{n} [x(t-\tau_i)d\tau_i] \qquad (3.4.2)$$

这里 $y_n(t)$ 被称为 n 阶沃尔特拉级数;K_n 为 n 阶冲击响应函数,它表征了一个 n 阶齐次非线性函数。如果把函数 K_n 进行 n 维傅里叶变换,便可得到 n 阶沃尔特拉传输函数 $H_n(w)$。于是一个非线性系统的频域响应特性就可通过各阶沃尔特拉传输函数描述。由于 $H_n(w)$ 本身的特性不随系统输入信号的大小发生变化,求出的各阶传输函数可用来计算各种不同激励信号的响应,而不必重复计算;另外,又由于在频域内进行计算,只有乘法加法运算,所以这种方法应用起来相当简便。然而在实际应用中,所考虑的是式(3.4.1)中的展开项,当系统输入信号 $x(t)$ 的动态范围较大时,应考虑的项数就要增加很多,并且级数还有可能不收敛。所以,这种沃尔特拉级数展开法仅适用于弱非线性系统的分析。

2. 改进的沃尔特拉级数展开法

泛函理论表明,对于一个非线性泛函 $F(x(t)) = y(t)$,若已知 $x_0(t)$、$y_0(t)$,使得 $F(x_0(t)) = y_0(t)$,则有

$$\Delta x(t) = x(t) - x_0(t)$$
$$= \sum_{n=1}^{\infty} \iint \cdots \int_{-\infty}^{+\infty} \frac{1}{n!} F^n [x_0(t), \tau_1, \tau_2, \cdots, \tau_n] \prod_{i=1}^{n} [\Delta x(t - \tau_i) d\tau_i]$$

$$(3.4.3)$$

式中，F^n 为泛函 F 在 $x_0(t)$ 点的 n 阶弗雷切特（Frechet）导数，这一级数被称为广义泰勒（Taylor）级数。由于上面这一级数的收敛性只与 $x(t)$ 和 $x_0(t)$ 之差有关，而与 $x(t)$ 本身的动态范围无关，所以对较强的输入信号 $x(t)$ 与输出 $y(t)$，只要在它们较近的邻域内找到满足 F 的已知参考信号 $x_0(t)$、$y_0(t)$，则 $x(t)$ 与 $y(t)$ 的关系就可以用上述级数的形式来表示。关键在于怎样才能确定适用的参考信号 $x_0(t)$、$y_0(t)$？

一种可行的方法是：先找一个 $x(t)$ 邻域内的函数 $x_0(t)$，用谐波平衡来求系统被 $x_0(t)$ 激励时的响应信号 $y_0(t)$，然后利用得到的参考信号 $x_0(t)$ 和 $y_0(t)$，求出表征系统的泛函在 $x_0(t)$ 的各阶弗雷切特导数表达式。在这种计算方法中，虽然应用了数值算法（谐波平衡法），但由于只有单频信号分析，所以运算量不大。

3.5 波导不连续性的全波分析

相比如今应用非常广泛的数值方法，全波分析法在分析常规波导或微带不连续性时仍然具有很大的优点。模式匹配是一种全波分析方法，它通常用于分析具有边界条件的传输线或波导结构。在分析一个比较复杂的波导结构时可以将其分解成许多结构简单的区域，这些区域的边界条件之处都可以得到麦克斯韦方程的模式方程，然后只需要扩展一系列已知的模式函数并利用边界条件就可以得到展开的系数的值。

3.5.1 模式匹配法的基本原理

模式匹配法通过正交级数近似地扩展或表达未知电场和磁场分量。正交级数的类型可以是矩形坐标系时的三角函数，或是柱坐标系时的贝塞尔函数和纽曼函数，一旦获得展开系数就可以计算出电场或磁场的分布。下面从数学角度来进行简单说明。

设有周期分别为 $2x_0$ 和 $2(x_2 - x_1)$ 的两个周期波形 $f_1(x)$（$x \in [0, x_0]$）及 $f_2(x)$（$x \in [x_1, x_2] \subset [0, x_0]$），且当 $x \in [x_1, x_2]$ 时，$f_1(x) = f_2(x)$。

$f_1(x)$ 用傅里叶级数表示为

$$f_1(x) = \sum_{n=1}^{\infty} a_n \sin\left(\frac{n\pi}{x_0}x\right) \tag{3.5.1}$$

式(3.5.1)同时乘以 $\sin\left(\frac{m\pi}{x_0}x\right)$，并在 $[0, x_0]$ 上积分，可得

$$\int_0^{x_0} \sin\left(\frac{m\pi}{x_0}x\right)f_1(x)\mathrm{d}x = \sum_{n=1}^{x} a_n \int_0^{x_0} \sin\left(\frac{m\pi}{x_0}x\right)\sin\left(\frac{n\pi}{x_0}x\right)\mathrm{d}x \tag{3.5.2}$$

当 $m \neq n$ 时，根据三角函数的正交性可知式(3.5.2)的右边积分值为 0，或为 x_0，因此

$$\frac{2}{x_0}\int_0^{x_0} \sin\left(\frac{m\pi}{x_0}x\right)f_1(x)\mathrm{d}x = a_m \tag{3.5.3}$$

在 $[x_1, x_2]$ 上，

$$f_1(x) = f_2(x) = \sum_{k=1}^{\infty} b_k \left(\sin\frac{k\pi}{x_2 - x_1}(x - x_1)\right)\mathrm{d}x \tag{3.5.4}$$

结合式(3.5.2)和式(3.5.3)，系数 a_m 可以表达为

$$a_m = \frac{2}{x_0}\sum_{k=1}^{\infty} b_k \int_{x_1}^{x_2} \sin\left(\frac{m\pi}{x_0}x\right)\sin\left(\frac{k\pi}{x_2 - x_1}(x - x_1)\right)\mathrm{d}x \tag{3.5.5}$$

系数 b_k 可以类似地求得

$$b_k = \frac{2}{x_2 - x_1}\sum_{m=1}^{\infty} a_m \int_{x_1}^{x_2} \sin\left(\frac{k\pi}{x_2 - x_1}(x - x_1)\right)\sin\left(\frac{m\pi}{x_0}x\right)\mathrm{d}x \tag{3.5.6}$$

式(3.5.5)和式(3.5.6)在无穷级数展开式被截断后均可以写成矩阵形式，并可得到系数 a_m 和 b_k 这两者之间的关系。通过在公共区间匹配展开级数，可以求得函数 $f_1(x)$ 和 $f_2(x)$ 的傅里叶级数之间的关系。下面用一个简单的一维边界问题来简要阐述模式匹配这种全波分析方法的基本原理，如图 3.5-1 为两个矩形波导的不连续性的简单结构示意图。

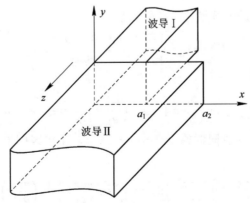

图 3.5-1　波导Ⅰ和波导Ⅱ的不连续性的简单结构示意图

在矩形波导中，有

$$E_y^v(x) = c_a^v \cos(a^v x) + c_b^v \sin(b^v x) \tag{3.5.7}$$

式中，a 和 b 是横截面的波数，而 c_a^v 和 c_b^v 是常系数，上式须满足区域 I 和区域 II 的边界条件。在波导 I 中，当 $x=0$ 和 $x=a_1$ 时，边界为金属壁；在波导 II 中，当 $x=0$ 和 $x=a_2$ 时，边界也为金属壁。由边界条件可得

$$\begin{cases} E_y^{\mathrm{I}}(0) = 0 \rightarrow c_a^{\mathrm{I}} = 0 \\[2mm] E_y^{\mathrm{I}}(a_1) = 0 \rightarrow b^{\mathrm{I}} = \dfrac{m\pi}{a_1} \\[2mm] E_y^{\mathrm{II}}(0) = 0 \rightarrow c_a^{\mathrm{II}} = 0 \\[2mm] E_y^{\mathrm{II}}(a_2) = 0 \rightarrow b^{\mathrm{II}} = \dfrac{m\pi}{a_2} \end{cases} \tag{3.5.8}$$

因此 E_y 等于

$$E_y^{\mathrm{I}}(x) = c_m^{\mathrm{I}} \sin\left(\frac{m\pi}{a_1}x\right) \tag{3.5.9a}$$

$$E_y^{\mathrm{II}}(x) = c_m^{\mathrm{II}} \sin\left(\frac{m\pi}{a_2}x\right) \tag{3.5.9b}$$

式中，c^{I} 和 c^{II} 为幅度系数，$m=1, 2, 3, \cdots$ 为模式序数。若波导 I 中只有主模传播，即有 $c_1^{\mathrm{I}}=1$ 和 $c_m^{\mathrm{I}}=0(m=2, 3, 4, \cdots)$，则有

$$E_y^{\mathrm{I}}(x) = \begin{cases} \sin\left(\dfrac{\pi}{a_1}x\right), & 0 \leqslant x \leqslant a_1 \\[2mm] 0, & \text{其他} \end{cases} \tag{3.5.10}$$

$$E_y^{\mathrm{II}}(x) = \begin{cases} \displaystyle\sum_{m=1}^{\infty} c_m^{\mathrm{II}} \sin\left(\dfrac{m\pi}{a_2}x\right), & 0 \leqslant x \leqslant a_2 \\[2mm] 0, & \text{其他} \end{cases} \tag{3.5.11}$$

可以根据电场切向的连续性这一条件，即

$$E_y^{\mathrm{II}}(x) = \begin{cases} E_y^{\mathrm{I}}(x), & 0 \leqslant x \leqslant a_1 \\[2mm] 0, & \text{其他} \end{cases} \tag{3.5.12}$$

即

$$\sum_{m=1}^{\infty} c_m^{\mathrm{II}} \sin\left(\frac{m\pi}{a_2}x\right) = \sin\left(\frac{m\pi}{a_1}x\right), \quad 0 \leqslant x \leqslant a_1 \tag{3.5.13}$$

式 (3.5.13) 左边、右边同时乘上 $\sin(n\pi x/a_2)$，且在区间 $0 \leqslant x \leqslant a_2$ 上积分，可得

$$\int_0^{a_2} \sum_{m=1}^{\infty} c_m^{\mathrm{II}} \sin\left(\frac{m\pi}{a_2}x\right) \sin\left(\frac{n\pi}{a_2}x\right) \mathrm{d}x = \int_0^{a_1} \sin\left(\frac{n\pi}{a_1}x\right) \sin\left(\frac{n\pi}{a_2}x\right) \mathrm{d}x \tag{3.5.14}$$

应用三角函数的正交性，可以获得

$$c_m^{\mathrm{II}} \frac{a_2}{2} = \int_0^{a_1} \sin\left(\frac{n\pi}{a_1}x\right)\sin\left(\frac{n\pi}{a_2}x\right)\mathrm{d}x \tag{3.5.15}$$

化简得

$$c_m^{\mathrm{II}} = \frac{2}{a_2}\left[\frac{\sin\left(\left(\frac{\pi}{a_1}-\frac{m\pi}{a_2}\right)a_1\right)}{2\left(\frac{\pi}{a_1}-\frac{m\pi}{a_2}\right)} - \frac{\sin\left(\left(\frac{\pi}{a_1}+\frac{m\pi}{a_2}\right)a_1\right)}{2\left(\frac{\pi}{a_1}-\frac{m\pi}{a_2}\right)}\right] \tag{3.5.16}$$

联立式(3.5.16)和式(3.5.11)，因式(3.5.11)是无限的序列，所以为了方便计算，m 可以是不同的值。为了表达取不同模式数时对收敛性的影响这一现象，图 3.5-2 为当 $a_1 = 0.7$ 和 $a_2 = 1$ 时以及 m 分别取 3、10、20、30 时的曲线。从图 3.5-2 可以得知，随着 m 值的增加，区域 I 和区域 II 的电场匹配效果会更佳。它的收敛效果也可以通过数值来验证，可以将两个区域中电场值的差作为变量，然后可以看到随着 m 的增加差值的变化：

$$E(m) = \int_0^{0.6} \big| \,|E_y^{\mathrm{II}}(x,m)| - |E_y^{\mathrm{I}}(x)|\,\big|\mathrm{d}x + \int_{0.6}^{\mathrm{I}} |E_y^{\mathrm{II}}(x,m)|\mathrm{d}x \tag{3.5.17}$$

如当 $x=0.6$ 时，电场 E 的误差随 m 值的增加而发生的变化如表 3.5.1 所示。

表 3.5.1　电场 E 的误差随 m 值的增加而发生的变化

m	E	m	E
3	0.050720	13	0.004278
4	0.021756	14	0.003413
5	0.019746	15	0.003215
6	0.013147	16	0.002834
7	0.010243	17	0.002478
8	0.009739	18	0.002491
9	0.006789	19	0.002107
10	0.006289	20	0.002107
11	0.005151	21	0.001802
12	0.004323	22	0.001590

从图 3.5-2 和图 3.5-3 可以看出，在模式匹配方法的分析中，如果设定

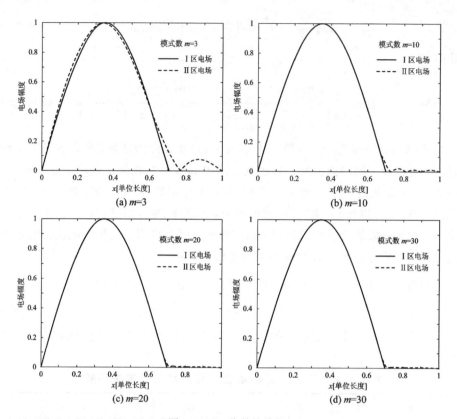

图 3.5-2 收敛性分析

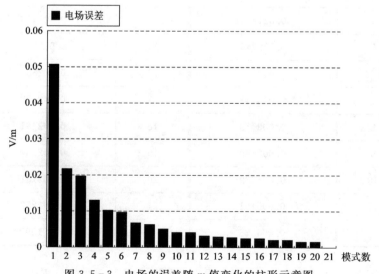

图 3.5-3 电场的误差随 m 值变化的柱形示意图

的模式数 m 越多，则可以得到更小或可以忽略不计的误差。

3.5.2 模式耦合与正交性

在传输线或波导结构中，电磁波除了工作在主模式外还可能存在其他的模式，每个模式中都携带各自的能量。由于传输线的不均匀性或不连续性，这些连续性也将激发出新的模式，这实际上是能量转换的过程。并不是所有的模式都能交换或传递能量，模式之间的能量交换可以称为"耦合"，而没有能量交换则称为"正交"。设在传输系统中存在两个共存模式且在该系统中的电场和磁场都可表示为两个模式的场的线性叠加，则有

$$\boldsymbol{E} = \boldsymbol{E}_i + \boldsymbol{E}_j \tag{3.5.18}$$

$$\boldsymbol{H} = \boldsymbol{H}_i + \boldsymbol{H}_j \tag{3.5.19}$$

若两个模式同时存在于该传输系统中，那么该系统传输的复功率可以表示为

$$\dot{P} = \frac{1}{2}\int_S (\boldsymbol{E} \times \boldsymbol{H}^{\cdot}) \cdot \mathrm{d}\boldsymbol{S} = \frac{1}{2}\int_S (\boldsymbol{E}_i + \boldsymbol{E}_j) \times (\boldsymbol{H}_i + \boldsymbol{H}_j)^{\cdot} \cdot \mathrm{d}\boldsymbol{S}$$

$$= \frac{1}{2}\int_S (\boldsymbol{E}_i \times \boldsymbol{H}_i^{\cdot}) \cdot \mathrm{d}\boldsymbol{S} + \frac{1}{2}\int_S (\boldsymbol{E}_j \times \boldsymbol{H}_j^{\cdot}) \cdot \mathrm{d}\boldsymbol{S}$$

$$+ \frac{1}{2}\int_S (\boldsymbol{E}_i \times \boldsymbol{H}_j^{\cdot}) \cdot \mathrm{d}\boldsymbol{S} + \frac{1}{2}\int_S (\boldsymbol{E}_j \times \boldsymbol{H}_j^{\cdot}) \cdot \mathrm{d}\boldsymbol{S}$$

$$= \dot{P}_{ii} + \dot{P}_{jj} + \dot{P}_{ij} + \dot{P}_{ji} \tag{3.5.20}$$

$$\dot{P}_{ij} = \frac{1}{2}\int_S (\boldsymbol{E}_i \times \boldsymbol{H}_j^{\cdot}) \cdot \mathrm{d}\boldsymbol{S} \tag{3.5.21a}$$

$$\dot{P}_{ji} = \frac{1}{2}\int_S (\boldsymbol{E}_j \times \boldsymbol{H}_i^{\cdot}) \cdot \mathrm{d}\boldsymbol{S} \tag{3.5.21b}$$

其中，$\dot{P}_{ii}$、$\dot{P}_{jj}$ 分别表示 i、j 两个模式单独存在时的复功率和自功率。而互功率或交叉功率则表示 i、j 两个模式之间的能量存在交换，如 $\dot{P}_{ij}$、$\dot{P}_{ji}$。如交叉功率的值为零，则说明这两个模式之间没有能力交换或称之为"正交"的。

可用模式电压 U_{mn} 和模式电流 I_{mn} 来表达电场和磁场：

$$\boldsymbol{E}_i = \sum_{mn} U_{mn}\boldsymbol{e}_i, \quad \boldsymbol{H}_i = \sum_{mn} I_{mn}\boldsymbol{h}_i \tag{3.5.22}$$

$$\boldsymbol{E}_j = \sum_{mn} U_{mn}\boldsymbol{e}_j, \quad \boldsymbol{H}_j = \sum_{mn} I_{mn}\boldsymbol{h}_j \tag{3.5.23}$$

上面两式中，$\boldsymbol{e}_j$、$\boldsymbol{h}_j$ 为矢量模式函数。下标 i 和下标 j 分别代表两种不同的模式，可以证明下列关系式是成立的(具体证明不做详述)：

$$\int_S \boldsymbol{e}_i \cdot \boldsymbol{e}_j \mathrm{d}S = \begin{cases} 0, & i \neq j \\ 1, & i = j \end{cases} \tag{3.5.24}$$

$$\int_S \boldsymbol{h}_i \cdot \boldsymbol{h}_j \mathrm{d}S = \begin{cases} 0, & i \neq j \\ 1, & i = j \end{cases} \qquad (3.5.25)$$

$$\int_S \boldsymbol{e} \cdot \boldsymbol{h} \mathrm{d}S = 0 \qquad (3.5.26)$$

式(3.5.24)~式(3.5.26)正是模式函数的正交归一化条件。

也可以证明当 $i \neq j$ 时，$\dot{P}_{ii} = \dot{P}_{jj} = 0$，这里不做详述。

因此，在一个整体的没有损耗的传输线系统或波导系统中，不同模式的各自能量共存于系统中且不进行能量的交换，就称为模式的正交性。不连续性将导致均匀和无损系统的电磁场的不同模式之间的能量交换，在实际传输线或波导类中的不连续性大致可分为以下三类：

（1）几何或材料特性的不连续性，例如波导结构尺寸上的变化、在波导壁上开平行于或不平行于宽边的缝隙。

（2）波导的轴向结构的变化可组成的新结构波导，如梯度波导和弯曲波导。

（3）将膜片和探针等激励器件等障碍物引入波导中。

下面以矩形波导为例来阐述为何结构上的不均匀性会让模式之间发生耦合。

矩形波导的 $\mathrm{TE}_{mn}(\mathrm{H}_{mn})$ 模式和 $\mathrm{TM}_{mn}(\mathrm{E}_{mn})$ 模式的电场和磁场分量都包含三角函数，根据式(3.5.21a)和式(3.5.21b)就可以得到。在互功率中都会包含下面的三角函数积分：

$$A = \int_0^a \frac{\sin}{\cos}\left(\frac{m_i\pi}{a}x\right) \int_0^a \frac{\sin}{\cos}\left(\frac{m_j\pi}{a}x\right)\mathrm{d}x \int_0^b \frac{\sin}{\cos}\left(\frac{n_i\pi}{b}x\right) \int_0^a \frac{\sin}{\cos}\left(\frac{n_j\pi}{b}x\right)\mathrm{d}y$$

$$(3.5.27)$$

由三角函数的正交性，模式的索引数 $m_i \neq m_j$ 或 $n_i \neq n_j$，可得 $A = 0$，这说明模式之间没有能量交换，即复功率 $\dot{P}_{ij} = 0$。但是这种正交性只发生在波导部分（$0 \leqslant x \leqslant a$，$0 \leqslant y \leqslant b$）时，才成立。均匀波导结构中其横截面尺寸是保持不变的，从而正交性成立。若波导宽边或窄边尺寸值发生改变，则交叉概率的积分区间将不再是波导横截面的整个区域，通过式(3.5.27)可知积分值不为零，即交叉功率也不为零，或者说在非均匀波导中这将导致不同的模式发生能量转换或耦合。

模式之间的耦合要遵守"奇偶禁止"规则。该规则如下：

（1）奇模式不会被偶激励所激励起；

（2）偶模式不会被奇激励所激励起。

可将式(3.5.22)和式(3.5.23)统一写成

$$\boldsymbol{F} = \sum_i a_i \boldsymbol{f}_i \qquad (3.5.28)$$

将式(3.5.28)左边和右边同时点乘 f_i，然后在 S 面上进行积分计算：

$$\int_S \boldsymbol{F} \cdot \boldsymbol{f}_j \mathrm{d}S = \sum_i a_i \int_S \boldsymbol{f}_i \cdot \boldsymbol{f}_j \mathrm{d}S \qquad (3.5.29)$$

令

$$a_j = \int_S \boldsymbol{f}_i \cdot \boldsymbol{f}_j \mathrm{d}S \qquad (3.5.30)$$

奇函数相乘后的函数仍是奇函数，对称区间奇函数的积分也为零。所以，由式(3.5.29)可看出，如果 $\boldsymbol{F}$ 和 $\boldsymbol{f}_j$ 为奇函数或偶函数，则 $a_j = 0$，这也说明第 j 模的场不存在。若把 $\boldsymbol{F}$ 视为输入端的激励场，$\boldsymbol{f}_j$ 为被激励场，那么式(3.5.30)可以说明，当 $\boldsymbol{F}$ 与 $\boldsymbol{f}_j$ 具有相反的对称性质时，则该模式场就不会被激励，或者说该模式被禁用。这就是模式之间的"奇偶禁止"规则。

波导器件中电磁场的表达式可以从满足一定边界条件的麦克斯韦方程得到，分析均匀波导结构的场分部通常有两种方法，即纵向场法和赫兹矢量法。

(1) 纵向场法：通过麦克斯韦方程组，推导电场 E 和磁场 H 的表达式，建立矢量赫姆霍兹方程。由于沿传播方向波导结构不变，所以只有含有电场和磁场的纵向分量的标量赫姆霍兹方程。应用边界条件，然后根据麦克斯韦方程提供的纵向场和横向场的关系，从而求得全部的场。

(2) 赫兹矢量法：由麦克斯韦方程导出赫兹电矢量和赫兹磁矢量，可以建立两个矢量赫姆霍兹方程组。由波导或波导结构的横截面的形状，选择合适的坐标系和方向，矢量赫姆霍兹方程可简化为标量赫姆霍兹方程。通过求解该方程，可以得到赫兹矢量，并且可以通过赫兹矢量确定波导中电磁场各分量的表达式。

3.5.3 矩形波导横向膜片的不连续性

波导横向膜片的常见结构可以分为电容膜片、电感膜片和谐振膜片。谐振膜片如图 3.5-4 所示。

金属膜片可以根据需要加工成不同的厚度，膜片在结构上可以对称或非对称。一般而言，膜片太薄，不太好加工，且影响此类器件的功率。矩形波导的感性膜片被认为是由微波导连接在两个 H 面阶梯组成的，微波导的长度是膜片的厚度。

H 面膜片在 TE_{10} 模的激励下，磁场的能量主要集中在膜片附近，因而可以等效为电感，H 面膜片也称为感性膜片或电感膜片。感性膜片容纳的功率大，可用来制作感性膜片滤波器，也可作为滤波器或双工器中的匹配膜片。

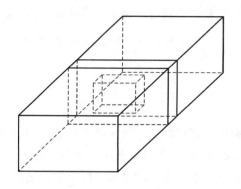

图 3.5-4　波导横向谐振膜片

E 面膜片的高阶模式的电场没有 X 分量,高阶模为 TM 模,能量主要集中在膜片附近,且由于 E 面膜片附近的电场相对比较集中,若 E 面膜片非常薄且没有损耗,那么 E 面膜片可以等效为集总电容元件。但 E 面膜片容易击穿,导致传输功率容量低,因此在高功率情况下应用较少。

谐振膜片在结构上也可以看作是由微型波导连接的两个双面阶梯,若此种膜片很薄且无损耗,那么在电路上可等效为电感和电容的并联。谐振膜片在直接耦合和交叉耦合滤波器以及耦合器等器件中有不少的应用,比如作谐振模块或匹配模块。

应用微波网络理论,可将横向膜片的 $\boldsymbol{S}$ 矩阵网络看成三个 $\boldsymbol{S}$ 矩阵网络的级联。设两个 $\boldsymbol{S}$ 矩阵分别为 $\boldsymbol{A}$ 和 $\boldsymbol{B}$,级联后获得的矩阵为 $\boldsymbol{C}$,那么总的 $\boldsymbol{S}$ 矩阵为

$$S_{11}^C = S_{11}^A + S_{12}^A[U - S_{11}^B S_{22}^B]S_{11}^B S_{21}^B \tag{3.5.31a}$$

$$S_{12}^C = S_{12}^A[U - S_{11}^B S_{22}^A]^{-1}S_{12}^B \tag{3.5.31b}$$

$$S_{21}^C = S_{21}^B[U - S_{22}^A S_{11}^B]^{-1}S_{21}^A \tag{3.5.31c}$$

$$S_{22}^C = S_{22}^B + S_{21}^B[U - S_{22}^A S_{11}^B]^{-1}S_{22}^A S_{12}^B \tag{3.5.31d}$$

运用全波分析方法来分析较为复杂的结构时,因为需要将复杂结构分为不同的较为规则的小部分,双端口的 $\boldsymbol{S}$ 矩阵的级联就能经常用到式(3.5.31)。对某只横向膜片而言,若期望获得整个膜片的 S 参数,首先得根据前面的公式求得传播方向的 S 参数,也就是膜片处($Z=0$)的 S 参数。若小波导中有 m 个模式共存,则小波导的广义散射矩阵可表达为

$$\boldsymbol{S} = \begin{bmatrix} 0 & U \\ U & 0 \end{bmatrix} \tag{3.5.32}$$

其中,

$$U = \mathrm{diag}(s^{-jk_{Z(m)}^U I}) \tag{3.5.33}$$

单个膜片可以看作三个基本单元的级联,这三个基本单元的广义散射矩阵

分别为

(1) 在 $Z=0$ 处：

$$\boldsymbol{S}\mid_{Z=0} = \begin{bmatrix} S_{11} & S_{12} \\ S_{21} & S_{22} \end{bmatrix} \qquad (3.5.34)$$

(2) 在 $Z=0$ 和 $Z=t$ 之间的小波导，t 为膜片厚度：

$$S_{11}^B = 0, \quad S_{12}^B = U, \quad S_{21}^B = U, \quad S_{22}^B = 0 \qquad (3.5.35)$$

(3) 在 $Z=t$ 处，由互易性，可以获得

$$\boldsymbol{S}\mid_{Z=t} = \begin{bmatrix} S_{22} & S_{21} \\ S_{12} & S_{11} \end{bmatrix} \qquad (3.5.36)$$

由式(3.5.31)可得整个膜片的 $\boldsymbol{S}$ 矩阵。

最后可得的矩阵如下：

$$S_{11} = S_{11}^A + S_{12}^A U(I - S_{22}^A U S_{22}^A U)^{-1} S_{22}^A U S_{21}^A \qquad (3.5.37a)$$

$$S_{12} = S_{12}^A U(I - S_{22}^A U S_{22}^A U)^{-1} S_{21}^A \qquad (3.5.37b)$$

$$S_{21} = S_{12}^A (I - U S_{22}^A U S_{22}^A U)^{-1} U S_{21}^A \qquad (3.5.37c)$$

$$S_{22} = S_{11}^A + S_{12}^A (I - S_{22}^A U S_{22}^A U)^{-1} U S_{22}^A U S_{21}^A \qquad (3.5.37d)$$

3.5.4 矩形波导纵向插片的不连续性

在矩形波导的宽边平行放置高度等于矩形波导窄边的金属条或带状物，该结构可以组成 E 面插片滤波器的基本耦合单元。若插入的插片在材料上是金属，则称之为 E 面金属插片滤波器；除了金属外，也可以在介质上镀金属薄膜。在利用模匹配法分析该结构时，如果模式的数目选择得不对，则可能得不到相应的收敛解。尤其是当用傅里叶级数展开时，这种现象经常发生。如果结合矩形波导中的模式展开法，并应用复功率守恒法，则可以解决"相对收敛"的缺陷。通常可通过对金属 E 面插片的分析来表达这一过程。如图 3.5-5 所示为各种 E 面插片的结构示意图。如果是金属插片，则其长度为 W，厚度为 t，而横截面积为 $a \times b$，金属插片与波导窄边平行。在实际应用中，此结构除了有金属带条结构外，也可以为介质上覆盖金属膜片等结构，这里只讨论金属结构。前面用横向电磁场匹配的方法来获得横向波导阶梯或金属膜片的 S 参数公式，下面用复功率守恒的方法来对纵向金属插片的 S 参数进行分析。图 3.5-6 为矩形波导 E 面金属插片的等效平衡电路图和模式分析图。在设定的直角坐标系下，对于 E 面纵向金属插片，其不连续性只发生在 x 方向上。

矩形波导 E 面金属插片在 TE_{10} 模式激励时，在不连续性处只会激励 TE_{m0} 模式，可直接写出场分布的横向分量，表达如下：

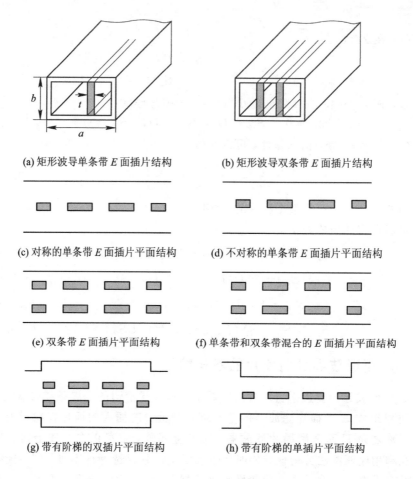

(a) 矩形波导单条带 E 面插片结构

(b) 矩形波导双条带 E 面插片结构

(c) 对称的单条带 E 面插片平面结构

(d) 不对称的单条带 E 面插片平面结构

(e) 双条带 E 面插片平面结构

(f) 单条带和双条带混合的 E 面插片平面结构

(g) 带有阶梯的双插片平面结构

(h) 带有阶梯的单插片平面结构

图 3.5-5 E 面插片或纵向金属插片结构示意图

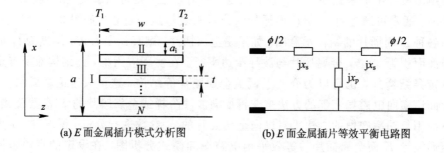

(a) E 面金属插片模式分析图

(b) E 面金属插片等效平衡电路图

图 3.5-6 纵向 E 面金属插片模式分析图和等效平衡电路图

$$E_t^I = \sum_{m=1}^{\infty} \sqrt{\frac{\omega\mu_0}{abk_z^I}} \sin\left(\frac{m\pi}{a}x\right)(a_m^I e^{-jk_z^I z} + a_m^I e^{-jk_z^I z})\,\hat{\mu}_y \qquad (3.5.38a)$$

$$E_t^i = \sum_{n_i=1}^{\infty} \sqrt{\frac{\omega\mu_0}{a_i bk_z^i}} \sin\left(\frac{n_i\pi}{a_i}(x-h_i)\right)(a_n^I e^{-jk_z^i z} + b_n^I e^{jk_z^i z})\,\hat{\mu}_y \qquad (3.5.38b)$$

$$H_t^I = -\sum_{m=1}^{\infty} \sqrt{\frac{\omega\mu_0}{abk_z^I}} \sin\left(\frac{m\pi}{a}x\right)(a_m^I e^{-jk_z^I z} + b_m^I e^{-jk_z^I z})\,\hat{\mu}_x \qquad (3.5.38c)$$

$$H_t^i = -\sum_{n_i=1}^{\infty} \sqrt{\frac{k_z^i}{a_i b\omega\mu_0}} \sin\left(\frac{n_i\pi}{a_i}(x-h_i)\right)(a_n^I e^{-jk_z^i z} + b_n^i e^{jk_z^i z})\,\hat{\mu}_x$$

$$(3.5.38d)$$

E_t^I 和 H_t^I 为 I 区横向电场和横向磁场，E_t^i 和 H_t^i 为 i(II，III)区也即小波导区域的横向电场和横向磁场，a 和 a_i、k_z^I 和 k_z^i、m 和 n_i 分别为相应区域内的矩形波导的宽度、波导中各模式的传播常数，以及各模式的索引数。当 $z=0$ 时，有 $E_t^I = E_t^{II} + E_t^{III} + \cdots + E_t^N$ 即横向电场在 T_1 面上连续，并应用三角函数正交性原理在积分区间 $[0, a]$ 进行积分，可获得

$$A_F + A_B = P(B_F + B_B) \qquad (3.5.39)$$

由流入任意无源区域的复功率为 0 可得

$$(A_F - A_B)^H L_1(A_F + A_B) = (B_B - B_F)^H L_2(B_F + B_B) \qquad (3.5.40)$$

式中，A_F、A_B、B_F、B_B 分别表示大波导和小波导中入射波和反射波的模，其中 $()_F$ 和 $()_B$ 分别代表入射波和反射波，$()^H$ 表示矩阵的共轭转置。在上面两式中，分别令 $A_F=0$ 或 $B_F=0$，即可获得

$$S_{21} = 2(L_2^H + L_{LB})^{-1} P^H L_1^H \qquad (3.5.41a)$$

$$S_{22} = (L_2^H + L_{LB})^{-1}(L_2^H - L_{LB}) \qquad (3.5.41b)$$

$$S_{12} = P(I + S_{22}) \qquad (3.5.41c)$$

$$S_{11} = PS_{21} - I \qquad (3.5.41d)$$

其中，

$$L_{LB} = PL_1^H P^H \qquad (3.5.42)$$

I 为单位矩阵，式(3.5.41)和式(3.5.42)的矩阵元素如下：

$$P = [P_1 P_2 \cdots P_N] \qquad (3.5.43)$$

$$P_{i,mn} = \begin{cases} \dfrac{n}{a_i} Q_{i,mn} & \dfrac{m}{a} \neq \dfrac{n}{a_i} \\[2mm] R_{i,m} & \dfrac{m}{a} = \dfrac{n}{a_i} \end{cases} \qquad (3.5.44)$$

$$\begin{cases} Q_{i,mn} = \dfrac{2\pi/a}{(n\pi/a_i)^2 - (n\pi/a)^2}\left[(-1)^{n+1}\sin\left(\dfrac{m\pi h_i}{L}\right) + \sin\left(\dfrac{m\pi h_i}{L}\right)\right] \\[3mm] R_{i,m} = \dfrac{a}{a_i}\cos\left(\dfrac{m\pi h_i}{a}\right) \end{cases} \qquad (3.5.45)$$

其中，

$$h_1 = a, \quad h_i = h_{i-1} - (a_{i-1} + t_{i-1}), \quad h_i' = h_i - a_i \tag{3.5.46}$$

$$L_{Ai,m} = \frac{a}{2} \frac{\sqrt{k_0^2 - (n\pi/a)^2}}{\omega\mu_0}, \quad n = 1, 2, 3, \cdots \tag{3.5.47}$$

$$\boldsymbol{L}_B = \begin{bmatrix} L_{B1} & & & \\ & L_{B2} & & \\ & & \ddots & \\ & & & L_{BN} \end{bmatrix} \tag{3.5.48}$$

$$L_{Bi,m} = \frac{a_i}{2} \frac{\sqrt{k_0^2 - (n\pi/a_i)^2}}{\omega\mu_0}, \quad n = 1, 2, 3, \cdots \tag{3.5.49}$$

由式(3.5.41)可得不连续性 T_1 面处的 S 矩阵，由于该结构在物理上的对称性，T_2 面处的 S 矩阵可表示为 T_1 面处的 S 矩阵的转置，即 $(S)_{T_2} = (S)^t_{T_1}$。中间小波导的总 S 矩阵为

$$\boldsymbol{V} = \begin{bmatrix} V_1 & & & \\ & V_2 & & \\ & & \ddots & \\ & & & V_N \end{bmatrix}$$

其中，$\boldsymbol{V}_i = \begin{bmatrix} 0 & D^i \\ D^i & 0 \end{bmatrix}$，$D^i = \mathrm{diag}(e^{-jk_z^i w})$。随后可求得整个 E 面金属插片的广义散射矩阵。最后散射矩阵可由式(3.5.37)求得，其中 S^A 为 T_1 面处的散射参数。

图 3.5 - 7 为纵向 E 面金属插片曲线的对比图，可以看到，采用复功率守恒法和模式展开法来分析 E 面金属插片结构是正确且有效的。

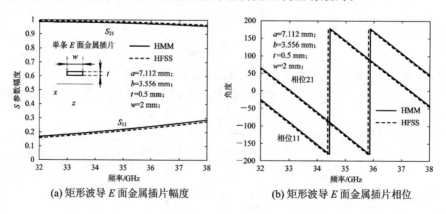

(a) 矩形波导 E 面金属插片幅度　　(b) 矩形波导 E 面金属插片相位

图 3.5 - 7　矩形 E 面金属插片传输和相位对比图

3.6 常用微波专业仿真软件简介

3.6.1 Ansoft Designer

Ansoft Designer 采用了最新的视窗技术，是第一个将高频电路系统、版图和电磁场仿真工具无缝地集成到同一个环境中的设计工具，不论是进行何种设计，是"蓝牙"收发系统、雷达系统还是 MMIC 和 RFIC，都能够在 Ansoft Designer 简明统一的环境下顺利地完成各种设计任务；这种集成不是简单的界面集成，其关键是 Ansoft Designer 独有的"按需求解"的技术，它使用户能够根据需要选择求解器，从而实现对设计过程的完全控制。Ansoft Designer 实现了"所见即所得"的自动化版图功能，版图与原理图自动同步，大大提高了版图设计效率。同时，Ansoft Designer 还能方便地与其他设计软件集成到一起，并可以和测试仪器连接，完成各种设计任务，如频率合成器、锁相环、通信系统、雷达系统以及放大器、混频器、滤波器、移相器、功率分配器、合成器和微带天线等。Ansoft Designer 提供了无与伦比的从基带到射频设计的解决方案，将高频系统结构设计和硬件设计连接在一起，工程师们可以在时域和频域或者混合域研究整个系统的性能，建立任意的系统拓扑结构，产生复杂的数字调制波形。该软件既可以方便地利用灵活的行为级模型快速地建立起初始的系统结构，又可以和非线性电路或电磁场工具进行协同仿真，精确验证系统性能。Ansoft Designer 支持最新的比特精度以及可由用户配置的 3G 波形，包括 3GPP、W-CDMA、TD-SCDMA 及 IEEE 802.11a 和 IEEE 802.11b。

1. 高频集成电路设计

Ansoft Designer 将先进的电路仿真和电磁场模型提取无缝地集成到一个自动化的设计环境中，使得 RFIC 和 MMIC 产品的开发更加方便，它全集成化的求解器可在和系统仿真时将集成电路结构对高频性能的影响计算在内。集成电路的各种寄生效应如介质耦合、芯片、封装和电路板之间的交互作用等会使芯片面积进一步减小，这往往要花费很长的时间才能找到并修正，Ansoft Designer 可以快速、精确地检测到这些寄生效应的影响，从而为 RFIC 和 MMIC 的设计者进一步减小芯片尺寸、提高电路性能提供新的设计手段。Ansoft Designer 新的瞬态分析技术可以对多种通信标准实现虚拟原型仿真，对同一个电路，既可以仿真它稳态时的线性和非线性特性，也可以对它的直流开关特性及其在射频脉冲工作时和任意调制波形下的特性进行研究，从而大大提高设计效率，减少设计周期。

2. 电路板和模块设计

Ansoft Designer 的虚拟建模功能可以使利用高密度 PCB 设计下一代的基站系统或无线局域网时更加容易,工程师们不必建立测试原型就可以对各种新技术和新材料如低温共烧陶瓷(LTCC)或先进的电路板加工技术等进行探索和研究。Ansoft Designer 中包含了用户化的厂商器件库和功能广泛的电磁场求解器,能够使工程师真正理解电路板和模块中的电路和子系统,包括表面贴装器件(SMD/SMT)、板上芯片、倒装芯片、球栅阵列(BGA)等芯片封装部件,从而为各种放大器、混频器、滤波器、移相器等的设计带来方便。

3. 部件设计

Ansoft Designer 将系统、电路和电磁场仿真工具无缝地集成到一起,为各种部件如高频高速连接器、波导器件、滤波器、天线等的设计带来了极大方便。例如,对天线设计人员来说,他们不仅可以仿真并优化天线的近场和远场方向图,而且可以非常容易地进行匹配电路的设计,以改进天线的性能,并可以研究它对系统性能的影响,也就是说,在 Ansoft Designer 中,设计人员不必像过去那样把部件作为一个独立的部分进行设计与仿真,而是综合设计,实现各部件的最佳组合,进一步提高系统性能。

3.6.2 Nexxim

Nexxim 是针对射频/数模混合集成电路以及高性能信号完整性等领域的新一代产品。目前,Nexxim 已经完成了多种电路的仿真,包括采用 0.25 μm CMOS 工艺,超过 2000 BSIM3 晶体管的 1.8 GHz PLL(锁相环)电路;用于蓝牙系统,有超过 4000 个有源器件的完整的射频、模拟前端 BiCMOS SOC 电路;超过 1000 个谐波分量的混频器分析;0.35 μm 工艺的 GaAs 3 Gsps ADC(模拟/数字转换器)等。通过对这些电路的仿真,推动了 Nexxim 的研发,也证明了它相对于其他电路仿真工具的优越性。

Nexxim 在瞬态和谐波平衡算法上有多项重大改进和创新,具有无与伦比的收敛性和仿真速度,同时又大大提高了精确度和动态范围。Nexxim 能够很好地处理业界非常关心的采用相同的电路网表和同样的库模型运行频域及时域分析的问题,确保了在时域和频域上结果的一致性。高性能 IC 和 PCB 设计者不必再花费大量时间修正从不同网表和不同版本的器件模型得到的不一致的结果。

Nexxim 与 Ansoft Designer 集成,能够和系统及平面电磁场工具协同仿真。它还可以结合 Ansoft Designer 的全波三维电磁场工具 HFSS™、准静态法寄生参数提取工具 Q3D，从而构成最完善的 RF/AMS 电路设计解决方案。

3.6.3 CST

CST(Computer Simulation Technology)公司是一家专业电磁场仿真软件的提供商。它成立于1992年，总部位于德国达姆施塔特市。CST 软件采用有限积分法(Finite Integration)，现已成为一个工作室套装软件，CST 工作室套装是面向 3D 电磁场、微波电路和温度场设计工程师的一款最有效、最精确的专业仿真软件包，共包含 7 个工作室子软件，集成在同一平台上，可以为用户提供完整的系统级和部件级的数值仿真分析。软件覆盖整个电磁频段，提供完备的时域和频域全波算法。其典型应用包含各类天线/RCS、EMC/EMI、场路协同、电磁温度协同和高低频协同仿真等。

CST MICROWAVE STUDIO(CST 微波工作室，简称 CST MWS)是 CST 公司出品的 CST 工作室套装软件之一，是 CST 软件的旗舰产品，广泛应用于通用高频无源器件仿真，可以进行雷击 Lightning、强电磁脉冲 EMP、静电放电 ESD、EMC/EMI、信号完整性/电源完整性 SI/PI、TDR 和各类天线/RCS 仿真。结合其他工作室，如导入 CST 印制板工作室和 CST 电缆工作室空间三维频域幅相电流分布，可以完成系统级电磁兼容仿真；结合 CST 设计工作室，实现 CST 特有的纯瞬态场路同步协同仿真。

CST MICROWAVE STUDIO 集成有 7 个时域和频域全波算法：时域有限积分、频域有限积分、频域有限元、模式降阶、矩量法、多层快速多极子、本征模。支持 TL 和 MOR SPICE 提取；支持各类二维和三维格式的导入，甚至 HFSS 格式；支持 PBA 六面体网格、四面体网格和表面三角网格；内嵌 EMC 国际标准，通过 FCC 认可的 SAR 计算。CST 作为一种电磁软件，界面友好、简单易学，其仿真结果和实际产品吻合得较好。

CST 微波工作室是一款无源微波器件及天线仿真软件，可以仿真耦合器、滤波器、环流器、隔离器、谐振腔、平面结构、连接器、电磁兼容、IC 封装及各类天线和天线阵列，能够给出 S 参量和天线方向图等结果。

CST 微波工作室是专用于微波无源器件及天线设计与分析的软件包。其强大的实体建模前端基于著名的 ACIS 建模内核，结构输入过程非常简便；再加上完善的图形化反馈，极大地简化了对各种器件的定义。在所有器件建模完成后，会自动进行一个基于专家系统的全自动网格剖分，然后才开始进行正式的仿真。

其仿真器自带全新的理想边界拟合技术(PBA™)和薄片技术(TST™)，与其他传统的仿真器相比，在精度上有数量级的提高。目前尚无一种算法在所有的应用领域都能做到最好，所以本软件内含 4 种不同的求解器(瞬态求解器、频域求解器、本征模求解器、模式分析求解器），在各自最适合的应用领域内使用，可得到最好的求解效果。

瞬态求解器是其中最灵活的，它只需进行一次计算就能得到所仿真器件在整个宽频带上的响应（与之相对，许多其他的仿真器使用的是扫频法）。该求解器对绝大部分的高频应用领域，如连接器、传输线、滤波器、天线等，都极为有效。此求解器内含最新的多级子网（MSS™）技术，能提高网格划分的效率，极大地加快仿真速度，对复杂器件尤为有效。

然而，在设计滤波器时，常常需要计算工作模式而不是 S 参数。针对此情况，CST 微波工作室提供了本征模求解器，用它来求解封闭电磁场器件中的有限个模式十分有效。

当研究高谐振结构（如窄带滤波器）时，由于时域信号衰减缓慢，时域方法的效率也随之降低。与标准时域方法的大量比较证明，CST 微波工作室提供的高级信号处理技术（AR-Filters，自回溯滤波器）能大大地加速这类仿真。而且 CST 微波工作室还包含一个与本征模求解器相结合的模式分析求解器。在滤波器中的模式被计算出来以后，采用此高效技术能很快得出 S 参数。

瞬态求解器在求解结构尺寸远小于最短波长的低频问题时效率不高。这类问题最好使用频域求解器来求解。此种方法在仅对少数频点感兴趣时最为有效。

此外，CST 微波工作室一个突出特点是结构建模器的全参量化，在定义器件时可以使用变量。通过与优化器和参量扫描工具相结合，CST 微波工作室能够胜任所有电磁器件的设计与分析。

CST 微波工作室的仿真设计流程如图 3.6-1 所示。

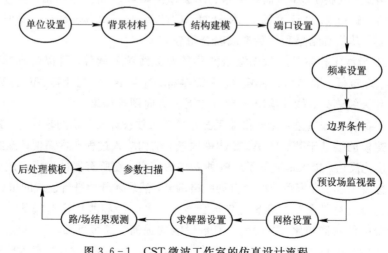

图 3.6-1　CST 微波工作室的仿真设计流程

3.6.4 HFSS

HFSS(High Frequency Structure Simulator)是 Ansoft 公司开发的、基于电磁场有限元法分析微波工程问题的全波三维电磁仿真软件,目前已被 ANSYS 公司收购。它是世界上第一个商业化的三维结构电磁场仿真软件,是业界公认的三维电磁场设计和分析的工业标准。HFSS 提供了简洁直观的用户设计界面、精确自适应的场求解器、拥有空前电性能分析能力的功能强大的后处理器,能计算任意形状三维无源结构的 S 参数和全波电磁场。HFSS 软件拥有强大的天线设计功能,它可以计算天线参量,如增益、方向性、远场方向图剖面、远场 3D 图和 3 dB 带宽;绘制极化特性,包括球形场分量、圆极化场分量、Ludwig 第三定义场分量和轴比。使用 HFSS,可以计算:① 基本电磁场数值解和开边界问题,近远场辐射问题;② 端口特征阻抗和传输常数;③ S 参数和相应端口阻抗的归一化 S 参数;④ 结构的本征模或谐振解。而且,由 Ansoft HFSS 和 Ansoft Designer 构成的 Ansoft 高频解决方案,是目前唯一以物理原型为基础的高频设计解决方案,提供了从系统到电路直至部件级的快速而精确的设计手段,覆盖了高频设计的所有环节。

经过多年的发展,HFSS 以其无与伦比的仿真精度和可靠性、快捷的仿真速度、方便易用的操作界面、稳定成熟的自适应网格剖分技术,成为高频结构设计的首选工具和行业标准,已经广泛地应用于航空、航天、电子、半导体、计算机、网络、传播、通信等多个领域,帮助工程师们高效地设计各种高频结构和程序,包括射频和微波部件、天线和天线阵及天线罩,高速互连结构、电真空器件,研究目标特性和系统/部件的电磁兼容/电磁干扰特性,从而降低设计成本和素材,减少设计周期,增强竞争力。HFSS 的具体应用包括以下 8 个方面。

1. 射频和微波无源器件设计

HFSS 能够快速、精确地计算各种射频/微波无源器件的电磁特性,得到 S 参数、传播常数、电磁特性,优化器件的性能指标,并进行容差分析,帮助工程师们快速完成并得到各类器件的准确电磁特性,包括波导器件、滤波器、耦合器、功率分配/合成器、隔离器、腔体和铁氧体器件等。

2. 天线、天线阵列设计

HFSS 可为天线和天线阵列提供全面的仿真分析和优化设计,精确仿真计算天线的各种性能,包括二维、三维远场和近场辐射方向图、天线的方向性、增益、轴比、半功率波瓣宽度、内部电磁场分布、天线阻抗、电压驻波比、S 参数等。

3. 高速数字信号完整性分析

随着信号工作频率和信息传输速度的不断提高，互联结构的寄生效应对整个系统的性能影响已经成为制约设计成功的关键因素。MMIC、RFIC 或高速数字系统需要精确的互联结构特性分析参数抽取，HFSS 能够自动、精确地提取高速互联结构和版图寄生效应，导出 SPICE 参数模型和 Touchstone 文件，结合 Designer 或其他电路仿真分析工具仿真瞬态现象。

4. EMC/EMI 问题分析

电磁兼容和电磁干扰（EMC/EMI）具有随机性和多变性的特点，因此，完整地"复现"一个实际工程中的 EMC/EMI 问题是很难做到的。Ansoft 提供的"自顶向下"的 EMC 解决方案可以轻松地解决这个问题。HFSS 强大的场后处理功能可为设计人员提供丰富的场结果。整个空间的场分布情况可以以色标图的方式直观地显示出来，让设计人员对系统的场分布全貌有所认识；进一步通过场计算器，可以给出电场/磁场强度的最强点，并能输出详细的场强值和坐标值。

5. 电真空器件设计

在电真空器件如行波管、速调管、回旋管设计中，HFSS 本征模求解器结合周期性边界条件，能够准确地仿真分析器件的色散特性，得到归一化相速和频率的关系以及结构中的电磁场分布，为这类器件的分析和设计提供了强有力的手段。

6. 目标特性研究和 RCS 仿真

雷达散射截面的分析预估一直是电磁理论研究的重要课题，当前人们对电大尺寸复杂目标的 RCS 分析尤为关注。HFSS 中定义了平面波入射激励，结合辐射边界条件或 PML 边界条件，可以准确地分析器件的 RCS。

7. 计算 SAR

比吸收率（SAR）是单位质量的人体组织所吸收的电磁辐射能量。SAR 的大小表明了电磁辐射对人体健康的影响程度。随着信息技术的发展，大众在享受无线通信设备带来的各种便利之时，也日益关注无线通信终端对人体健康的影响。使用 HFSS 可以准确地计算出指定位置的局部 SAR 和平均 SAR。

8. 光电器件仿真设计

HFSS 的应用频率能够达到光波波段，精确仿真光电器件的特性。

HFSS 的仿真设计流程如图 3.6-2 所示。

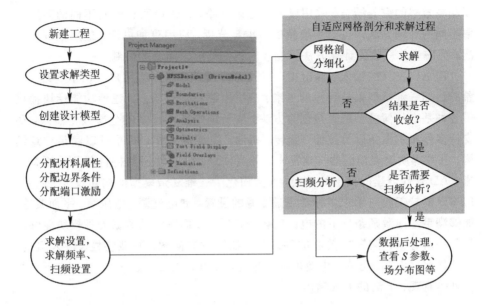

图 3.6 - 2　HFSS 的仿真设计流程

3.6.5　FEKO

FEKO 是 EMSS 公司旗下的一款强大的三维全波电磁仿真软件,是世界上第一个把矩量法推向市场的商业软件。FEKO 的名称来源于德语 FEldberechnung bei Korpern mit beliebiger Oberflache(任意复杂电磁场计算)首字母的缩写。

FEKO 从严格的电磁积分方程出发,以矩量法为主要的数值求解方法,可应用于目标雷达散射截面(Radar Cross Section,RCS)计算、天线辐射特性分析、电子系统电磁兼容性分析等电磁场类问题的计算和分析。此外,该软件还结合了多层快速多级子算法(Multi-Level Fast Multipole Method,MLFMM)以及经典的高频分析方法,如物理光学(Physical Optics,PO)法、一致性绕射理论(Uniform Theory of Diffraction,UTD)等,因而该软件具备电大尺寸目标的分析能力。由于 FEKO 主要基于严格的积分方程,在分析开域问题(辐射/散射)时不需要建立吸收边界条件,不会引起数值色散误差,因此在分析电大尺寸问题时不会因目标尺寸的增加而增大数值误差。另外,5.0 版本以后的 FEKO 软件还引入了有限元法,能够更加精确地处理非均匀电介质的相关问题。

对于电小尺寸目标,FEKO 通常采用完全的矩量法进行分析,以保证较高的计算精度;对于同时具备电小尺寸与电大尺寸的混合结构目标,FEKO 既可以采用多层快速多极子法直接求解,又可以将问题进行分解,利用矩量法或多层快速多级子分析电小结构部分,用高频方法分析电大结构部分,以实现高精度和高效率的完美结合。采用以上的处理思路，FEKO 可以针对不同的问题选取不同的处理方法来进行快速精确的仿真分析，应用更加灵活，适用范围更广泛，突破了单一数值计算方法只能针对某一类电磁问题的限制。

FEKO 友好的输入、输出接口以及良好的兼容性，给用户提供了直观、形象的目标三维模型以及目标的二维、三维电磁特性分布。其建模功能模块提供了各种基本几何模型的直接创建方法，支持模型几何尺寸的全参数化输入，还支持多种布尔操作以及拉伸、旋转、扭曲、螺旋等操作，几乎可以满足任意结构、任意媒质类型模型的构建需求。并且，FEKO 软件还支持目前几乎所有主流 CAD 软件创建的模型的导入，大大简化了三维复杂模型的构建难度。此外，FEKO 支持工程应用中多种常用激励源的设置，如电流源、电压源、平面波等，能够满足不同激励条件下的电磁问题分析需求。FEKO 的数据处理模块能够计算几乎所有工程问题中关心的物理量，如辐射方向图、驻波特性、输入阻抗、雷达散射截面、场分布、电流电荷分布等，并可以以二维、三维、动画、图表及文件等直观、灵活的方式输出。

3.7 复杂模型的建立以及场与路的协同仿真

3.7.1 复杂模型的建立

Ansoft 公司的三维高频场仿真软件 HFSS 进入中国较早。该软件操作简单，计算结果准确，为大多数微波设计人员所熟悉。设计人员为了验证设计的准确性，在设计初期常常建立比较精确的模型进行结构的全波仿真。模型的建立很重要。对于重复性很高的模型，手工建立模型则需要耗费很长的时间，所以一般的软件都提供了脚本程序接口供高级用户简化模型的建立。本节主要研究 Ansoft 公司的 HFSS 软件的复杂模型的建立。早期的 HFSS 软件为了方便设计者建立复杂模型，提供了宏语言的接口。在其 9.0 以后的版本中，提供了更加通用的 VBS 脚本程序的接口。为了使程序有更好的通用性，不直接用 VBS 来建立模型，而是通过 MATLAB 写出 VBS 程序的方式进行。所以模型的更改只需要在 MATLAB 中进行，重新生成 VBS 即可。模型的建立流程如图 3.7-1 所示。HFSS 中主要对象变量的结构关系如图 3.7-2 所示。

图 3.7-2 中各个对象的功能描述如下：

oAnsoftApp——提供应用 HFSS 脚本程序的句柄。

oDesktop——提供桌面级的操作，包含项目的操作等。

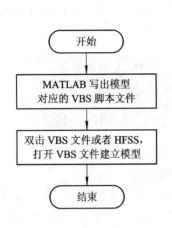

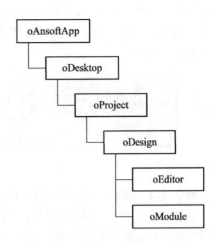

图 3.7-1　模型的建立流程　　　图 3.7-2　HFSS 中主要对象变量的结构关系

oProject——提供具体的工程操作，包含变量的创建、材料的定义等。

oDesign——提供具体设计操作，包含当前设计中的模型建立操作等。

oEditor——提供对应的具体编辑器，如 3D Modeler。

oModule——提供模块级的操作，如边界条件的操作等。

当模型的 VBS 文件建立完成后，运行方式主要有两种：一种是直接双击 VBS 文件或者通过 HFSS 软件打开 VBS 文件运行；另外一种是在第三方软件如 MATLAB 中通过命令行的方式运行。在后一种运行方式中，有两个额外的参数用来进一步说明运行的方式，第一个是 runscriptandexit，即 MATLAB 启动 HFSS，模型建立完成后，退出 HFSS，程序控制权返回给 MATLAB；第二个是 runscript，即 MATLAB 启动 HFSS，模型建立完成后，不退出 HFSS，程序控制权也不返回。这两种运行方式各有优、缺点，要根据需求来合理选用。第一种方式比较适合用 MATLAB 控制整个程序时运用，譬如要运用外部的优化函数来优化 HFSS 中的变量等情况；第二种方式可以在调试程序时运用。至于具体模型的建立过程中需要用到的函数，需要查询 HFSS 提供的函数手册。

下面举例来说明这种建立模型的方法，对于建立重复性高的复杂模型将非常方便，也很节省时间。

例 3.7.1　建立一个 7 阶 H 面的滤波器模型。

首先考虑到程序的通用性，波导的尺寸、H 模片的厚度、谐振腔的个数、长度都是任意的。所以 MATLAB 程序生成的 VBS 文件建立的模型是一个参数模型，以方便后面尺寸的修改，用 MATLAB 生成 VBS 的方法比用 HFSS 直接进行参数建立模型的好处是参数模型的变量名可以随意更改。这个好处在将两个滤波器拼接成一个双工器的模型的时候是很明显的。图 3.7 - 3 是建立的一个 7 阶滤波器的模型。该模型的建立用到了坐标的移动、旋转以及模型的复制和裁减等功能。

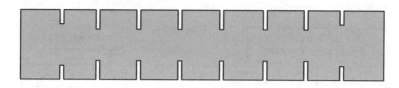

图 3.7 - 3 7 阶滤波器模型

例 3.7.2 建立一个窄边的波导缝隙天线模型。

某项目需要分析一个波导缝隙相控阵天线。该天线阵由 10 多根波导缝隙天线组成，每根波导缝隙天线缝隙的数目不等，从几十到一百多。粗略估算一下，如果建立一根波导缝隙天线的模型需要一天的时间，则建立一个完整的由 10 多根波导缝隙天线组成的相控阵则至少需要一周的时间。当然这还是在假设建立模型的过程中不出错情况下得出的时间。建立模型的过程中由于疲劳等原因，建模的时间将会大大延长。但是用程序来建立一根波导缝隙天线，仅仅需要一分钟，而且不会出错，大大提高了建模效率。这个模型的建立用到了坐标轴的移动、旋转、物体的复制、裁减等运算。建立的单根波导缝隙天线的局部模型如图 3.7 - 4 所示。图 3.7 - 5 所示的是一根完整的波导缝隙天线模型。

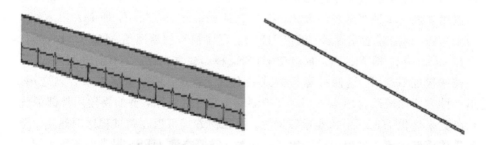

图 3.7 - 4 单根波导缝隙天线的局部模型   图 3.7 - 5 一根完整的波导缝隙天线模型

3.7.2 场与路的协同仿真

HFSS 进行的全波仿真，虽然可以准确地预测出物体的频率响应，但是计算时间比较长。Ansoft 公司的电路仿真软件 Designer 是进行电路级仿真的软件，并且与 HFSS 有很好的链接。对于一些复杂物体，可以将其拆开成一个一个的子物体，分别对子物体进行全波仿真；然后把子物体全波仿真的结果，看成一个网络数据，导入到 Designer 中，再进行级联，可以快速得到整体的全波响应。这种方法运算起来速度很快，而且结果与 HFSS 直接仿真整体结构有很好的一致性。

滤波器等无源器件的设计，根据经验公式并不能一次性把尺寸确定下来。虽然可以根据一些经验公式等得到初始尺寸，但是这个尺寸对应的响应可能不满足设计目标。所以，要得到满足指标的尺寸，需要一个过程。如果结构简单，变量很少，可以直接应用 HFSS 软件的优化功能。但是，如果结构复杂，或者变量较多(一般优化变量大于等于 3 个)，则 HFSS 直接优化的方法常常得不到满足设计目标的尺寸。

对于 H 面模片的波导滤波器、小孔耦合的定向耦合器等这种无源器件，很容易将整体拆开成一个一个相似的子物体，再通过协同仿真的方法设计，将更加简单和快速。HFSS 有参数扫描的功能，对子物体进行参数扫描后，把结果导入到 Designer 中，然后优化整体响应，速度快得多。下面举例来说明这种方法的步骤。

例 3.7.3 设计一个 H 面模片的波导滤波器，中心频率 f_0 为 7.5 GHz，带宽 B_w 为 500 MHz，通带回波至少 17 dB，选用的波导型号为 WR112，模片的厚度 t 为 2.54 mm。首先对模片的缝隙宽度 W 进行参数扫描，扫描范围为 3.7~23 mm，间隔 0.5 mm。图 3.7-6 所示为膜片的参数扫描模型。

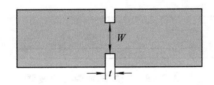

图 3.7-6 模片的参数扫描模型

在 Designer 中添加 HFSS 的工程，作为电路中的一个元件。整体电路模型如图 3.7-7 所示。

需要注意的是，由于波导中特性阻抗的定义具有不唯一性。在 Designer 中波导的 TE_{10} 模对应的特性阻抗定义为

$$Z_{0(TE_{10})} = 2\frac{b}{a}\frac{\eta}{\sqrt{1-(\lambda/2a)^2}} \tag{3.7.1}$$

将切比雪夫(Chebyshev)的响应作为优化目标。把 H 面模片的宽度 W、模片间谐振腔的长度 L 作为优化变量，由于滤波器尺寸的对称性，所以只用在 Designer 中优化一半的尺寸，得到结果：

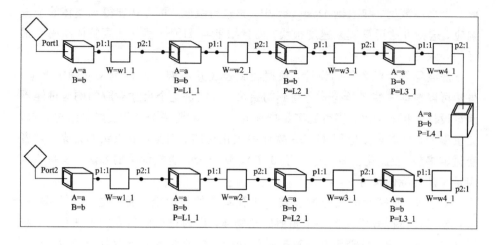

图 3.7 - 7 Designer 中滤波器的整体电路模型

谐振腔的长度 L(mm)：

$$L = \begin{bmatrix} 21.0845 & 24.1487 & 24.7523 & 24.8590 \end{bmatrix}$$

模片的宽度 W(mm)：

$$W = \begin{bmatrix} 17.0485 & 12.6136 & 11.5672 & 11.2979 \end{bmatrix}$$

将 Designer 中得到的尺寸带入 HFSS 中，建立完整的模型，如图 3.7 - 8 所示。

图 3.7 - 8 7 阶 H 面模片滤波器

HFSS 中全波仿真结果如图 3.7 - 9 所示。

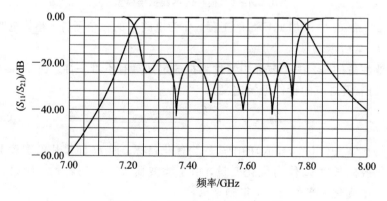

图 3.7 - 9 HFSS 中全波仿真结果

可以看出，HFSS 的全波仿真结果比较好地满足了指标。由于设计过程中优化是在电路级仿真软件中进行的，因此速度很快，设计周期大大地缩短了。

例 3.7.4 小孔定向耦合器的仿真。

例 3.7.3 中主要考虑到了 TE_{10} 模式，而耦合器之间的耦合孔间隔很近，高次模式之间会有相互作用。本例验证协同仿真同样可以很好地考虑模式相互作用的情况。如设计一个 2 孔的耦合器，在频率为 15 GHz 时，隔离 S_{14} 至少 50 dB，耦合度 S_{13} 是 32 dB，回波 S_{11} 是 50 dB。

首先，建立单个耦合孔的模型。为了加快运算速度，可运用对称面的边界条件。将耦合孔的半径从 1 mm 到 3 mm 每隔 0.25 mm 进行参数扫描，模型如图 3.7 - 10 所示。

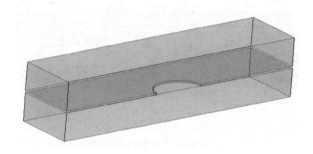

图 3.7 - 10　单个耦合孔的参数扫描模型

将扫描后的结果导入 Designer 中，建立如图 3.7 - 11 所示的参数模型，选择耦合孔的半径和耦合孔之间的间距为优化变量进行优化。优化目标设置在

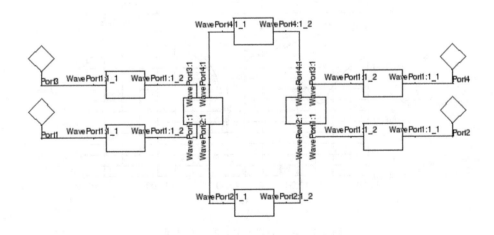

图 3.7 - 11　Designer 中的耦合器模型

15 GHz 频率处，S_{11} 至少为 50 dB，S_{41} 至少为 50 dB，S_{13} 在 15 GHz 频率处为 -30 dB。

优化后的结果：

（1）耦合孔的半径为 2.7 mm；

（2）耦合孔的间距为 0.92 mm。

建立如图 3.7-12 所示的双孔耦合器模型，为了加快计算速度，运用了对称边界条件。

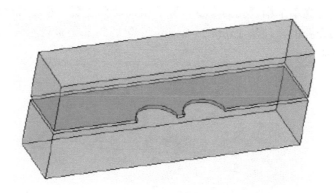

图 3.7-12　HFSS 中完整的双孔耦合器模型

HFSS 中全波仿真的结果如图 3.7-13 所示。

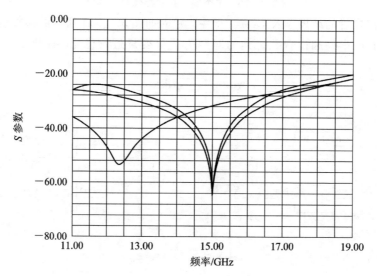

图 3.7-13　HFSS 中全波仿真结果

从图 3.7-13 可以看出，全波仿真的结果很好地满足了预定目标。虽然这个例子比较简单，但是可以说明协同仿真的效果；尤其是要运用优化的时候，直接在 HFSS 中优化，时间会很长而且结果也不一定满足要求，协同仿真则提供了新的仿真手段。

习　题

3.1　简单说明网络分析的基本步骤。

3.2　非线性网络分析能否在时域分析后变换到频域？

3.3　网络分析还有哪些软件？

第四章 网络综合

网络综合与网络分析是网络理论的两个重要组成部分。对同一响应特性，往往有多个网络能满足要求，所以网络综合的结果通常不是唯一的，并且也有可能无答案，而无法物理实现。

网络综合如果是按照频域响应特性进行的，称为频域综合；如果是按照时域响应特性进行的，称为时域综合。由于频域函数和时域函数可以通过拉普拉斯变换互相转换，所以一般只讨论频域综合。在网络综合过程中所给定的频域或时域响应特性，通常是一组数据、曲线或不等式。通常是先根据给定的特性找出在容许误差范围之内的数学上的近似函数（这就是所谓的逼近），再以该近似函数设计出满足给定要求的能够实现的网络。

如果网络综合所得到的网络结构是用无源 R、L、C 元件实现的，叫做无源网络综合；如果网络结构中含有运算放大器、晶体三极管、受控源、阻抗变换器等有源元件，则称为有源网络综合。

在实际工作中，需要设计一些简单网络时，可以用网络分析方法进行，也就是说，根据从网络分析中得到的一些基本网络结构特性，逐步摸索、凑试，以寻找到一个满足工作特性要求的电路结构。这种方法理论上较简单，容易掌握，但由于无一定的最佳准则，得到的结果往往只是满足工作特性要求，但在其他方面并不能达到最佳，如元件数目可能并不是最少。

用综合法设计网络是采用可实现的有理函数作为网络参量函数，在一定的约束条件下逼近工作特性，所以既可以很接近工作特性，又可以实现元件数目最少。但综合法涉及较深的数学理论，计算繁复。不过，由于计算机性能以及计算方法均已得到长足发展，繁复的计算可通过软件由计算机完成。

本章先介绍单口和双口网络的综合以及网络综合的逼近技术，即 Butterworth、Chebyshev 综合，再介绍 1/4 阻抗变换器的综合。

4.1 网络综合的基本概念

网络综合在微波工程中指的是预先规定元件的特性指标，再用网络实现的过程。它包括三个方面的内容：

(1) 提出目标，即预想的理想响应；

(2) 选用可能的函数逼近理想响应；

(3) 设法实现具有逼近函数特性的网络。

综合有不同的分类，根据元件的特性，可以分为集总参数元件综合和分布参数综合；根据所规定的特性，可以分为幅值综合和相位综合；根据频率特性，可以分为低通、高通、带通、带阻等综合。

复平面下网络的模型如图 4.1-1 所示。

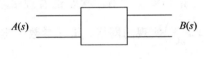

图 4.1-1　网络模型

其传递函数为

$$H(s) = \frac{b_m s^m + b_{m-1}s^{m-1} + \cdots + b_1 s + b_0}{a_n s^n + a_{n-1}s^{n-1} + \cdots + a_1 s + a_0} = \frac{b_m \prod_{j=1}^{m}(s - s_j)}{a_n \prod_{i=1}^{n}(s - s_i)} \qquad (4.1.1)$$

极点在左半平面（LHS）、零点在右半平面（RHS）的传递函数叫做全通函数。

根据信号处理的知识，可知零点、极点均在 s 域 LHS 的传递函数为最小相移函数。

4.1.1　理想低通模型

一般低通响应网络如图 4.1-2 所示。

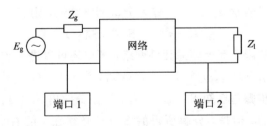

图 4.1-2　低通响应网络

网络的幅值特性常用增益 G 和截止频率 ω_c 表示，G 表示端口 2 负载所吸收的功率 P_l 与端口 1 信号源所能提供的最大资用功率 P_a 之比，即

$$G(\omega^2) = \frac{P_1}{P_a} \qquad\qquad (4.1.2)$$

应该指出，可能实现的网络增益函数 G 必须满足如下的约束条件：

（1）增益 G 必须是 ω 的偶函数：

$$G(\omega) = S_{21}(j\omega)S_{21}^*(j\omega) = S_{21}(j\omega)S_{21}(-j\omega) \qquad (4.1.3)$$

$$G(-\omega) = S_{21}(-j\omega)S_{21}^*(-j\omega) = S_{21}(-j\omega)S_{21}(j\omega) \qquad (4.1.4)$$

即

$$G(\omega) = G(-\omega) \qquad\qquad (4.1.5)$$

（2）增益 $G(\omega^2)$ 必须是频率 ω 的有限次幂的有理多项式。这是因为采用有限个集总元件 $\left(R, j\omega L, \dfrac{1}{j\omega C}\right)$ 实现的网络，其 S 参数一定是 ω 的有限次幂有理多项式。

（3）尽可能地逼近理想响应函数。因为事实上有限次幂的有理多项式无法达到所希望的理想低频响应，所以网络综合理论就提出采用某类函数逼近目标，最常用的是 Butterworth 函数、Chebyshev 函数和椭圆函数。

4.1.2　网络综合的一般过程

为了分析方便，在网络综合理论中，常常采用把 $j\omega$ 虚轴延拓为复平面 s。其中

$$s = \sigma + j\omega \qquad\qquad (4.1.6)$$

延拓的概念在数学、物理和工程方面均有广泛的应用。它只要求原 $j\omega$ 平面在延拓前后的特性保持相同，而对于其他区域则可带一定的任意性。很容易看出，s 复平面上的增益 G 可以写成

$$G(-s^2) = S_{21}(s)S_{21}(-s) \qquad\qquad (4.1.7)$$

如果用 $S_{21}^*(s)$ 表示 $S_{21}(-s)$，称为 Hurwitz 共轭，则有

$$G(-s^2) = S_{21}(s)S_{21}^*(s) \qquad\qquad (4.1.8)$$

本章所综合的限于无耗集总元件网络，所以还可以进一步写成

$$S_{11}(s)S_{11}^*(s) = 1 - S_{21}(s)S_{21}^*(s) = 1 - G(-s^2) \qquad (4.1.9)$$

下一个重要步骤是已知 $S_{11}(s)S_{11}^*(s)$，试图分解出 $S_{11}(s)$。特别注意，分解的形式是不唯一的。但是，分解所得的 $S_{11}(s)$ 必须在 s 的右半平面保持解析，而且进一步综合出网络函数。

根据网络输入端的 $S_{11}(s)$ 求出低通网络的输入阻抗函数，即

$$Z_{\text{in}}(s) = Z_0 \frac{1 \pm S_{11}(s)}{1 \mp S_{11}(s)} \qquad\qquad (4.1.10)$$

最后，根据 $Z_{in}(s)$ 可以综合出梯形网络。

4.2　单口集总参数网络的综合

在综合网络结构之前先要把预给的工作特性化为对应的有理函数，它们一般是网络参量函数。下面讨论单口网络参量函数的一些特点。

从 N 端口网络入手，在任何信号作用下，根据基尔霍夫定理，N 端口集总参数网络的时域端口电压和电流之间有如下关系：

$$\begin{cases} u_1(t) = z_{11}i_1(t) + z_{12}i_2(t) + \cdots + z_{1n}i_n(t) \\ u_2(t) = z_{21}i_1(t) + z_{22}i_2(t) + \cdots + z_{2n}i_n(t) \\ \qquad\qquad\qquad \cdots \\ u_n(t) = z_{n1}i_1(t) + z_{n2}i_2(t) + \cdots + z_{nn}i_n(t) \end{cases} \qquad (4.2.1)$$

式中，z_{ij} 是微积分算子，即

$$z_{ij} = L_{ij}\frac{\mathrm{d}}{\mathrm{d}t} + R_{ij} + \frac{1}{C_{ij}}\int \mathrm{d}t \qquad (4.2.2)$$

式中，L_{ij}、R_{ij} 和 C_{ij} 为第 i 网口与第 j 网口的公共元件。因此，式(4.2.1)是关于 t 的微积分方程组。

对式(4.2.1)施行拉普拉斯变换，假设初始条件为 0，则得

$$\begin{cases} U_1(s) = Z_{11}(s)I_1(s) + \cdots + Z_{1n}(s)I_n(s) \\ U_2(s) = Z_{21}(s)I_1(s) + \cdots + Z_{2n}(s)I_n(s) \\ \qquad\qquad\qquad \cdots \\ U_n(s) = Z_{n1}(s)I_1(s) + \cdots + Z_{nn}(s)I_n(s) \end{cases} \qquad (4.2.3)$$

式中，$s = \sigma + \mathrm{j}\omega$ 为复频率。采用复频率可以把振幅振动过程的幅度变化和相位变化统一起来加以描述，因此与实频率只能描述单纯简谐振荡相比，具有更一般的性质。式(4.2.3)是一个代数方程组，$U_i(s)$、$I(s)$ 称为复频域电压和电流，而

$$Z_{ij}(s) = sL_{ij} + R_{ij} + \frac{1}{sC_{ij}} \qquad (4.2.4)$$

从式(4.2.3)可以解得电流为

$$I_i(s) = \sum_{j=1}^{N}\left(\frac{\Delta_{ji}(s)}{\Delta(s)}\right)U_j(s) \qquad (4.2.5)$$

式中，$\Delta(s)$ 为式(4.2.3)的系数行列式，$\Delta_{ji}(s)$ 是元素 $Z_{ji}(s)$ 的代数余子式。$\Delta(s)$、$\Delta_{ji}(s)$ 均为 s 的多项式，且为实系数多项式。它们之比为一实系数的 s 有理函数。

对于单口网络，工作特性参量主要是其输入阻抗，这时在式(4.2.3)中由于只有一个端口，$i=j=1$，所以，输入阻抗为

$$Z_{in}(s) = \frac{U_1(s)}{I_1(s)} = \frac{\Delta(s)}{\Delta_{11}(s)} \tag{4.2.6}$$

Z_{in}也称为单口网络的策动点阻抗函数。

根据上述讨论，可以得到单口网络阻抗函数的一些基本概念：

(1) $Z_{in}(s)$可表示为

$$
\begin{aligned}
Z_{in}(s) &= \frac{a_n s^n + a_{n-1} s^{n-1} + \cdots + a_1 s + a_0}{b_m s^m + b_{m-1} s^{m-1} + \cdots + b_1 s + b_0} \\
&= \left(\frac{a_n}{b_m}\right) \frac{(s-s_1)(s-s_3)(s-s_5)(s-s_7)\cdots}{(s-s_0)(s-s_2)(s-s_4)(s-s_6)\cdots}
\end{aligned} \tag{4.2.7}
$$

(2) 式(4.2.7)中分子多项式的根 s_1, s_3, $\cdots$ 为阻抗函数 $Z_{in}(s)$ 的零点，而分母多项式的零点为阻抗函数 $Z_{in}(s)$ 的极点。

(3) 对于无源网络，零点、极点不可能位于 s 平面的右半平面，因为无源网络中电压、电流不可能是增长型振荡的(能量守恒)。

(4) 零点、极点必然是成对共轭地出现的。因为只有这样才能保证阻抗函数分子和分母多项式的系数为正。对应的物理意义就是电感、电阻和电容总应为实数值，不存在复数值的电路元件。

(5) 无源单口网络的阻抗函数是正实函数，即当 s 为实数时，$Z_{in}(s)$ 必为实数；当 $\mathrm{Re}s \geqslant 0$ 时，$\mathrm{Re}Z_{in}(s) \geqslant 0$。

利用网络内部储能和耗能恒为正实函数的性质，可以证明结论(5)。$Z_{in}(s)$ 的正实性意味着 s 平面的右半平面映射到 Z_{in} 平面的右半平面，而 s 的正实轴映射到 Z_{in} 平面的正实轴；但 s 平面的负实轴不一定只映射到 Z_{in} 平面的负实轴上。

通过类似分析，可得单口网络的导纳也具有上述性质。单口网络阻抗函数和导纳函数的正实性是该网络在物理上可实现的条件。下面通过一个简单的例子来说明综合的基本过程。

例 4.2.1 综合一个单口网络，使其输入阻抗的模在 $\omega = \omega_0$ 处为极点，在 $\omega = 0$ 及 $\omega = 2\omega_0$ 处为零点，在 $\omega > 2\omega_0$ 范围不作要求，即限于 $\omega \leqslant 2\omega_0$。

解 (1) 观察所给的工作特性，用有理函数形式表示输入阻抗。由 $\omega = 0$、$\omega = 2\omega_0$ 为零点，以零点、极点分布必然成对共轭地出现，可写出

$$Z_{in}(s) = \frac{s(s-j2\omega_0)(s+j2\omega_0)}{(s-j\omega_0)(s+j\omega_0)} = \frac{s(s^2+4\omega_0^2)}{s^2+\omega_0^2}$$

下面验证 $Z_{in}(s)$ 是否为正实函数。当 s 为实数时，$Z_{in}(s)$ 显然为实数；当 $\mathrm{Re}s \geqslant 0$ 时，$\mathrm{Re}Z_{in}(s) \geqslant 0$，因此 $Z_{in}(s)$ 是正实函数，是可以用物理结构实现的。

(2) 用一定的数学方法综合出具体的电路结构。综合的方法很多，最常用

的是辗转相除法，即把 $Z_{in}(s)$ 化为连分式，从而画出梯形电路图。

$$s^2+\omega_0^2 \overline{\smash{\big)}s^3+4\omega_0^2 s} \left| s \right.$$
$$\underline{\quad s^3+\omega_0^2 s \quad}$$
$$3\omega_0^2 s \overline{\smash{\big)}s^2+\omega_0^2} \left| \dfrac{1}{3\omega^2}s \right.$$
$$\underline{\quad s^2 \quad}$$
$$\omega_0^2 \overline{\smash{\big)}3\omega_0^2 s} \left| 3s \right.$$
$$\underline{\quad 3\omega_0^2 s \quad}$$
$$0$$

化为连分式，即

$$Z_{in}(s) = s + \cfrac{1}{\cfrac{1}{3\omega_0^2}s + \cfrac{1}{3s}}$$

根据以上连分式，就可以画出梯形电路图，如图 4.2-1(b)所示。

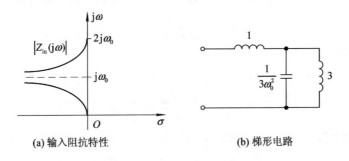

(a) 输入阻抗特性　　　　　　　　　　(b) 梯形电路

图 4.2-1　例 4.2.1 题网络的工作特性及其综合结构

4.3　无耗单口网络的综合

无耗单口网络的输入阻抗为一电抗函数，即 $Z_{in}=jX$。根据 Foster(福斯特)电抗定理，电抗函数 X 有如下特性：

(1) $X(\omega)$ 为 ω 的单调增函数；

(2) $X(\omega)$ 是 ω 的奇数，即 $X(-\omega)=-X(\omega)$；

(3) X 的零点、极点交替出现；

(4) $X(\omega)$ 的零点、极点必定关于原点对称出现。

从物理上看，电抗函数或者是电感性，或者是电容性，这样 $X(\omega)$ 的分子或分母中必然有个因子 ω，它由 $\omega=0$ 是 $X(\omega)$ 的零点还是极点来决定。当 $\omega=0$，

$X=0$ 时，ω 位于分子上；当 $\omega=0$，$X=\infty$ 时，ω 位于分母上。同时，$X(\omega)$ 在 $\omega=\infty$ 处的性质，可根据内在的零点、极点分布来决定。如果分子的 ω 最高次幂比分母高一次，则 $\omega=\infty$ 是 $X(\omega)$ 的极点；如果分子的 ω 最高次幂比分母低一次，则 $\omega=\infty$ 为 $X(\omega)$ 的零点。可见，从 $\omega=0$ 和 $\omega=\infty$ 点来观察，电抗函数可能有四种情况：

(1) 当 $\omega=0$，$X=-\infty$ 和 $\omega=\infty$，$X=+\infty$ 时，对应的电抗函数有如下形式：

$$X(\omega) = H\,\frac{(\omega^2-\omega_1^2)(\omega^2-\omega_3^2)\cdots(\omega^2-\omega_n^2)}{\omega(\omega^2-\omega_2^2)(\omega^2-\omega_4^2)\cdots(\omega^2-\omega_{n-1}^2)} \qquad (4.3.1)$$

式中，H 为正实数，n 为奇数。

(2) 当 $\omega=0$，$X=-\infty$ 和 $\omega=\infty$，$X=0$ 时，对应的电抗函数有如下形式：

$$X(\omega) = H\,\frac{(\omega^2-\omega_1^2)(\omega^2-\omega_3^2)\cdots(\omega^2-\omega_{n-1}^2)}{\omega(\omega^2-\omega_2^2)(\omega^2-\omega_4^2)\cdots(\omega^2-\omega_n^2)} \qquad (4.3.2)$$

式中，n 为偶数。

(3) 当 $\omega=0$，$X=0$ 和 $\omega=\infty$，$X=\infty$ 时，对应的电抗函数有如下形式：

$$X(\omega) = H\,\frac{\omega(\omega^2-\omega_2^2)(\omega^2-\omega_4^2)\cdots(\omega^2-\omega_n^2)}{(\omega^2-\omega_1^2)(\omega^2-\omega_3^2)\cdots(\omega^2-\omega_{n-1}^2)} \qquad (4.3.3)$$

式中，n 为偶数。

(4) 当 $\omega=0$，$X=0$ 和 $\omega=\infty$，$X=0$ 时，对应的电抗函数有如下形式：

$$X(\omega) = H\,\frac{\omega(\omega^2-\omega_2^2)(\omega^2-\omega_4^2)\cdots(\omega^2-\omega_{n-1}^2)}{(\omega^2-\omega_1^2)(\omega^2-\omega_3^2)\cdots(\omega^2-\omega_n^2)} \qquad (4.3.4)$$

式中，n 为奇数。n 等于 ω 在零到无穷大间的零点、极点数目的总和，即

$$0 < \omega_1 < \omega_2 < \cdots < \omega_n < \infty \qquad (4.3.5)$$

可以看出，上述式子中分子和分母都是 ω 的多项式，它们的系数都是正有理数，各项的幂逐项下降两次，分子和分母的最高次幂相差一次，所以，分子多项式若是奇函数，则分母多项式就一定是偶函数，反之亦然，从而保证了电抗函数为 ω 的奇函数。将式(4.3.1)～式(4.3.4)中的 $j\omega$ 换成复频率 s，便可以将电抗函数 $Z_{\text{in}}(j\omega)=jX(\omega)$ 解析延拓到复频率 s 平面上的 $Z_{\text{in}}(s)$。

利用上述电抗函数的性质，可以容易地判断一个有理函数是否为电抗函数。例如：

$$Z_{\text{in}}(s) = \frac{s^4+20s^2+64}{s^3+9s}$$

是电抗函数，而

$$Z_{\text{in}}(s) = \frac{2s^4+3s^2+2s+1}{s^3+s^2+2s}$$

不是电抗函数。

已知电抗函数后，便可综合出无耗单口网络的结构，常用的方法仍是利用辗转相除法将电抗函数变成连分式形式，从而得到梯形网络。设电抗函数的通式为

$$Z_{in}(s) = \frac{a_n s^n + a_{n-2} s^{n-2} + \cdots + a_2 s^2 + a_0}{a_{n-1} s^{n-1} + a_{n-3} s^{n-3} + \cdots + a_1 s} \tag{4.3.6}$$

利用辗转相除法，得其连分式为

$$Z_{in}(s) = b_1 s + \cfrac{1}{b_2 s + \cfrac{1}{b_3 s + \cfrac{1}{\ddots \atop b_{n-1} s + \cfrac{1}{b_n s}}}} \tag{4.3.7}$$

则 $b_i (i=1, 3, 5, \cdots)$ 是串联电感 L_i，$b_j (j=2, 4, 6, \cdots)$ 是并联电容 C_j，于是得到最后的网络结构，如图 4.3-1 所示。

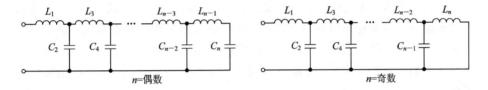

图 4.3-1　无耗梯形网络

4.4　双口达林顿梯形网络的综合

早在 1939 年，达林顿已经证明，任何有理正实函数都可以作为其终端接有一个电阻的无耗双口网络的输入阻抗进行综合。这一节只研究当信号源与负载均为电阻性时，实现一定类型的转换功率增益特性的无耗双口网络的综合法。

设图 4.4-1 的无耗双口网络对 R_1 与 R_2 的归一化散射矩阵为 $S(s)$，信号源与负载之间的转换功率增益特性为 $G(\omega^2)$。散射参量为

$$|S_{21}(j\omega)|^2 = G(\omega^2) \tag{4.4.1}$$

对无源双口网络来说，$|S_{21}(j\omega)|$ 介于 0 和 1 之间，故转换功率增益特性在实频率轴的所有点应满足

$$0 \leqslant G(\omega^2) \leqslant 1 \tag{4.4.2}$$

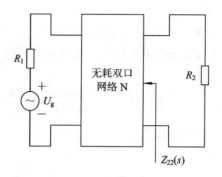

图 4.4-1 无耗双口网络

对无耗双口网络来说，散射矩阵具有幺正性，则有

$$|S_{22}(j\omega)|^2 = 1 - |S_{21}(j\omega)|^2 = 1 - G(\omega^2) \qquad (4.4.3)$$

经过解析延拓，式(4.4.1)和式(4.4.3)分别变为

$$S_{21}(s)S_{21}(-s) = G(-s^2) \qquad (4.4.4)$$

$$S_{22}(s)S_{22}(-s) = 1 - G(-s^2) \qquad (4.4.5)$$

因而对于给定的 $G(\omega^2)$，可以按式(4.4.5)求得 $S_{22}(s)$。式(4.4.5)左端函数的极点与零点都是象限对称的。因为散射矩阵 $\boldsymbol{S}(s)$ 必须是有界实矩阵，所以在因式分解时必须把式(4.4.5)中左半平面 LHS 的极点分配给 $S_{22}(s)$，若将式(4.4.5)LHS 平面的零点也分配给 $S_{22}(s)$，则这样的 $S_{22}(s)$ 称为最小相移反射系数。

当输入端口接参考电阻 R_1 时，输出端口的反射系数为

$$S_{22}(s) = \frac{Z_{22}(s) - R_2}{Z_{22}(s) + R_2} \qquad (4.4.6)$$

图 4.4-1 中从输出端看进去的策动点阻抗为

$$Z_{22}(s) = R_2 \frac{1 + S_{22}(s)}{1 - S_{22}(s)} \qquad (4.4.7)$$

下一步就可以将 $Z_{22}(s)$ 作为终端接有电阻的无耗双口网络的输入端口策动点阻抗进行综合，而这个终端电阻是 R_1 或 $1/R_1$。

最后要指出的是，由式(4.4.5)分解出来的最小相移反射系数 $S_{22}(s)$ 可以取正、负两个不同的符号。对具有低通特性的 $G(\omega^2)$，由式(4.4.7)得

$$Z_{22}(0) = R_1 = R_2 \frac{1 + S_{22}(0)}{1 - S_{22}(0)} \qquad (4.4.8)$$

或

$$\frac{R_1}{R_2} = \frac{1 + S_{22}(0)}{1 - S_{22}(0)} \qquad (4.4.9)$$

除了 $R_1 = R_2$ 的特例外，$S_{22}(s)$ 的符号只允许有一种选择，这一点由式 (4.4.9) 可以看出。下面通过举例进一步说明。

例 4.4.1 设信号源内阻与负载电阻分别为 $R_1 = 2\ \Omega$，$R_2 = 1\ \Omega$。要求的转换功率增益特性为

$$G(\omega^2) = \frac{k}{\omega^4 + 3\omega^2 + 9} \tag{4.4.10}$$

试设计无耗双口网络。

解 这里 $G(\omega^2)$ 是一个低通响应函数，设想网络 N 具有图 4.4-2 所示的结构。

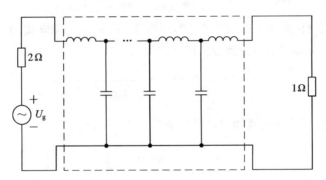

图 4.4-2　具有低通特性的 LC 梯形网络

当 $\omega = 0$ 时，串臂电感相当于短路，此时的转换功率增益是

$$G(0) = \frac{\left(\dfrac{U_0}{R_1 + R_2}\right)^2 R_2}{\left(\dfrac{U_0}{2R_1}\right) R_2} = \frac{4R_1 R_2}{(R_1 + R_2)^2} = \frac{8}{9} \tag{4.4.11}$$

由式 (4.4.10) 可得 $\omega = 0$ 的增益为

$$G(0) = \frac{k}{9} \tag{4.4.12}$$

由式 (4.4.11) 和式 (4.4.12) 得 $k = 8$。故转换功率特性应为

$$G(\omega^2) = \frac{8}{\omega^4 + 3\omega^2 + 9} \tag{4.4.13}$$

由式 (4.4.5) 得

$$S_{22}(s) S_{22}(-s) = 1 - G(-s^2)$$

$$= 1 - \frac{8}{s^4 - 3s^2 + 9} = \frac{s^4 - 3s^2 + 1}{s^4 - 3s^2 + 9}$$

$$= \frac{(s^2 + \sqrt{5}\,s + 1)(s^2 - \sqrt{5}\,s + 1)}{(s^2 + 3s + 3)(s^2 - 3s + 3)} \tag{4.4.14}$$

式(4.4.14)的最小相移分解方式是

$$\pm S_{22}(s) = \frac{s^2 + \sqrt{5}s + 1}{s^2 + 3s + 3} \qquad (4.4.15)$$

注意，式(4.4.15)有两种可能的符号。由式(4.4.7)决定的输出端策动点阻抗 $Z_{22}(s)$ 也有两个不同的值。当式(4.4.15)取正号时，

$$Z_{22}(s) = R_2 \frac{1 + S_{22}(s)}{1 - S_{22}(s)} = \frac{2s^2 + 5.236s + 4}{0.7639s + 2} \qquad (4.4.16a)$$

当式(4.4.15)取负号时，

$$Z_{22}(s) = R_2 \frac{1 + S_{22}(s)}{1 - S_{22}(s)} = \frac{0.7639s + 2}{2s^2 + 5.236s + 4} \qquad (4.4.16b)$$

按给定条件 $R_1 = 2\ \Omega$，即 $Z_{22}(0) = 2\ \Omega$，故 $Z_{22}(s)$ 应取式(4.4.16a)，式(4.4.15)取正号。$Z_{22}(s)$ 的连分式展开式为

$$Z_{22}(s) = 2.618s + \cfrac{1}{0.191s + \cfrac{1}{2}} \qquad (4.4.17)$$

按达林顿综合法实现的双口网络如图 4.4 − 3 所示。

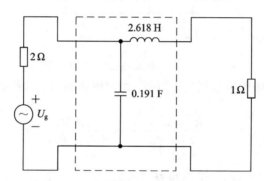

图 4.4 − 3　例 4.4.1 实现的双口网络

4.5　等长传输线双口无耗网络的综合

单纯由集总元件 L、C 所构成的网络在微波系统中是很难实现的。微波系统中常用一定长度的传输线(短截线)来构成微波元件。本节介绍用等长度传输线构成微波网络的综合方法。

4.5.1　s 面网络

首先讨论由等长度传输线构成微波元件的特性。在等长度传输线构成的微

波元件中，传输线不外有三种工作状态：短路线、开路线和连接线，如图 4.5 - 1 所示。对于电长度为 θ 的短路线而言，其输入阻抗 $Z_{in} = Z_0 j\tan\theta$。而对于开路线，输入导纳 $Y_{in} = Y_0 j\tan\theta$。对于连接线，它是一双口网络，其 **A** 矩阵为

$$\boldsymbol{A} = \begin{bmatrix} \cos\theta & jZ_0\sin\theta \\ j\dfrac{\sin\theta}{Z_0} & \cos\theta \end{bmatrix} = \cos\theta \begin{bmatrix} 1 & jZ_0\tan\theta \\ j\dfrac{1}{Z_0}\tan\theta & 1 \end{bmatrix}$$

$$= \frac{1}{\sqrt{1-(j\tan\theta)^2}} \begin{bmatrix} 1 & Z_0 j\tan\theta \\ \dfrac{1}{Z_0}j\tan\theta & 1 \end{bmatrix}$$

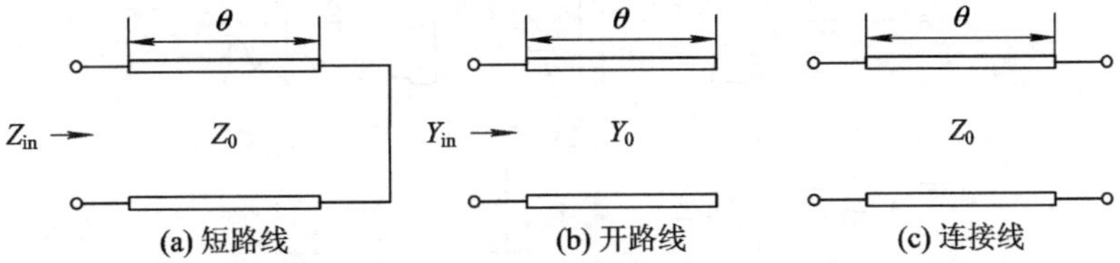

图 4.5 - 1 传输线的三种工作状态

由此可见，无论是哪种短截线，它们都是 $j\tan\theta$ 的函数，而 θ 又是 ω 的函数 $\left(\theta = \dfrac{2\pi}{\lambda}l\right)$，所以，可以把 $\tan\theta$ 看成新的频率变量，即令 $s = j\tan\theta$，则三种传输线的特性变为

·开路线：

$$Y_{in}(s) = Y_0 s = sC \tag{4.5.1}$$

·短路线：

$$Z_{in}(s) = Z_0 s = sL \tag{4.5.2}$$

·连接线：

$$\boldsymbol{A} = \frac{1}{\sqrt{1-s^2}} \begin{bmatrix} 1 & sZ_0 \\ sY_0 & 1 \end{bmatrix} \tag{4.5.3}$$

于是，在 ω 平面上的短截线根据其工作状态不同，在 s 复平面上分别对应于

·短路线：电感 $L = Z_0$；

·开路线：电容 $C = Y_0$；

·连接线：单位元件。连接线在 s 平面上是一特殊的双口网络，没有集中元件与之对应，称其为单位元件（unit element，简记为 u. e. ）。

ω 平面上的电阻在 s 平面上还是个电阻，因为它与频率无关。

应用 $s=\mathrm{jtan}\theta$ 的频率变换，可以把 ω 平面上的等长传输线网络变换成 s 平面上的由集总元件和单位元件组成的网络，称为 s 面网络。在这种变换中，对应变换点上网络的特性是不变的(如输入阻抗、工作特性等)。

例 4.5.1　将图 4.5-2(a)所示的 ω 平面上等长传输线网络变换为 s 面网络，并求其输入阻抗。(网络已关于终端负载归一化)

解　利用 ω 平面上等长传输线与 s 面网络元件的等效关系，不难画出图 4.5-2(a)网络的 s 面等效网络，如图 4.5-2(b)所示。图(b)中网络总归一化转移矩阵为

$$
\boldsymbol{a} = \frac{1}{\sqrt{1-s^2}}\begin{bmatrix} 1 & \frac{1}{2}s \\ 2s & 1 \end{bmatrix}\begin{bmatrix} 1 & 0 \\ \frac{12}{s} & 1 \end{bmatrix}\begin{bmatrix} 1 & \frac{1}{2}s \\ 2s & 1 \end{bmatrix}\frac{1}{\sqrt{1-s^2}}
$$

$$
= \frac{1}{1-s^2}\begin{bmatrix} s^2+7 & 4s \\ 4s+\dfrac{12}{s} & s^2+7 \end{bmatrix}
$$

于是归一化输入阻抗为

$$
z_{\mathrm{in}} = \frac{a_{11}+a_{12}}{a_{21}+a_{22}} = \frac{s^2+7+4s}{4s+\dfrac{12}{s}+s^2+7} = \frac{s^3+4s^2+7s}{s^3+4s^2+7s+12}
$$

$$
= \frac{4\tan^2\theta + \mathrm{j}(\tan^3\theta - 7\tan\theta)}{4\tan^2\theta - 12 + \mathrm{j}(\tan^3\theta - 7\tan\theta)}
$$

如果 $\theta=90°$，即 $l=\dfrac{\lambda}{4}$，则 $z_{\mathrm{in}}=1$。

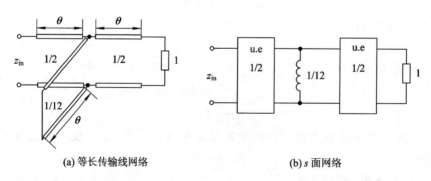

(a) 等长传输线网络　　　　　　　　　　(b) s 面网络

图 4.5-2　例 4.5.1 题图

4.5.2　s 面网络的综合

首先预给网络的工作衰减函数，求得其输入阻抗，然后由输入阻抗综合网

络结构。但因通常所给的工作衰减都是频率 ω 的函数，所以，必须经过 $s=\mathrm{j}\tan\theta$ 的频率变换，得出 s 面上的工作衰减，然后求出 s 面的输入阻抗，进行 s 面网络综合。把 ω 面上的工作衰减变换成 s 面上的工作衰减，须视具体情况而定。本节主要讨论已知 s 面网络的输入阻抗，如何综合出 s 面网络来。

已知 s 面网络的输入阻抗综合 s 面网络时，需从输入阻抗中逐次地移出电感 L、电容 C 以及单位元件，要求每移出一个元件则输入阻抗逐次简化，最后只剩下一个负载电阻，这样就完成了 s 面网络的综合。从输入阻抗 $Z_{\mathrm{in}}(s)$ 中移出电感 L 和电容 C 的过程比较简单，只要将 $Z_{\mathrm{in}}(s)$ 分子与分母相除就可以了，它有下列几种可能情况：

(1) $Z_{\mathrm{in}}(s)=sL+Z_{\mathrm{in}}'(s)$，即移出一个串联电感 L；

(2) $Z_{\mathrm{in}}(s)=\dfrac{1}{sC}+Z_{\mathrm{in}}'(s)$，即移出一个串联电容 C；

(3) $Y_{\mathrm{in}}(s)=sC+Y_{\mathrm{in}}'(s)$，即移出一个并联电容 C；

(4) $Y_{\mathrm{in}}(s)=\dfrac{1}{sL}+Y_{\mathrm{in}}'(s)$，即移出一个并联电感 L。

从输入阻抗中移出一个单位元件则比较复杂，需要应用下面的理查兹定理。

理查兹定理 设 s 面网络的输入阻抗 $Z_{\mathrm{in}}(s)=(m_1+n_1)(m_2+n_2)$，其中，$m$ 是 s 的偶函数，n 是 s 的奇函数。如果在 $s=1$ 时，$m_1m_2-n_1n_2=0$，则可以从 $Z_{\mathrm{in}}(s)$ 中移出一个特性阻抗为 $Z_0=Z_{\mathrm{in}}(1)$ 的单位元件，其余函数 $Z_{\mathrm{in}}'(s)$ 为

$$Z_{\mathrm{in}}'(s)=Z_{\mathrm{in}}(1)\,\frac{sZ_{\mathrm{in}}(1)-Z_{\mathrm{in}}(s)}{sZ_{\mathrm{in}}(s)-Z_{\mathrm{in}}(1)} \qquad (4.5.4)$$

且比 $Z_{\mathrm{in}}(s)$ 的结构简单（即 $Z_{\mathrm{in}}'(s)$ 的分子和分母的最高次幂比 $Z_{\mathrm{in}}(s)$ 的低一次）。

如果在 $s=1$ 时，$m_1m_2-n_1n_2\neq0$，则式(4.5.4)的结构比 $Z_{\mathrm{in}}(s)$ 的结构更复杂，这时需把 $Z_{\mathrm{in}}(s)$ 的分子和分母同乘以 $(s+1)$，然后再移出单位元件，这样得到的余函数结构要简单些。

式(4.5.4)的证明是容易的，由于单位元件是一段 θ 的传输线，所以

$$Z_{\mathrm{in}}=Z_0\,\frac{Z_{\mathrm{in}}'+\mathrm{j}Z_0\tan\theta}{Z_0+\mathrm{j}Z_{\mathrm{in}}'\tan\theta}=Z_0\,\frac{Z_{\mathrm{in}}'+Z_0s}{Z_0+Z_{\mathrm{in}}'s}$$

解出 Z_{in}' 得

$$Z_{\mathrm{in}}'=Z_0\,\frac{sZ_{\mathrm{in}}-Z_{\mathrm{in}}}{sZ_{\mathrm{in}}-Z_0}$$

在上式中令 $Z_0=Z_{\mathrm{in}}(1)$，便得到式(4.5.4)。从证明过程中可以看出，在任何条件下式(4.5.4)都成立。之所以还要求满足条件 $(m_1m_2-n_1n_2)|_{s=1}=0$，是

为了保证 $Z'_{in}(s)$ 比 $Z_{in}(s)$ 结构更简单。这时 $Z'_{in}(s)$ 中分子和分母多项式中含有公因子 (s^2-1)，可以消去。如果 $(m_1m_2-n_1n_2)|_{s=1}\neq 0$，则 $Z_{in}(s)$ 的分子和分母都乘以 $(s+1)$ 后，条件 $(m_1m_2-n_1n_2)|_{s=1}=0$ 便可以满足。所以，$(m_1m_2-n_1n_2)|_{s=1}=0$ 这个条件是非常重要的。只有满足了这个条件，每移出一个单位元件、电感 L 或电容 C，都可使原函数逐渐简化，最后有可能把原函数分解成只剩下一个负载电阻，从而完成 s 面网络的综合。

例 4.5.2 已知一无耗双口网络的归一化输入阻抗 $z_{in}(s)=\dfrac{s^3+4s^2+7s}{s^3+4s^2+7s+12}$，试综合其 s 面网络。

解 首先验证 $(m_1m_2-n_1n_2)|_{s=1}=4\times16-8\times8=0$，所以可以移出一个单位元件，其特性阻抗为 $z_0=z_{in}(1)=\dfrac{1}{2}$，余函数为

$$
\begin{aligned}
z'_{in}(s) &= \frac{1}{2}\cdot\frac{\dfrac{1}{2}s-\dfrac{s^3+4s^2+7s}{s^3+4s^2+7s+12}}{s\cdot\dfrac{s^3+4s^2+7s}{s^3+4s^2+7s+12}-\dfrac{1}{2}}\\
&= \frac{s^4+2s^3-s^2-2s}{4s^4+14s^3+20s^2-14s-24}=\frac{s^2+2s}{4s^2+14s+24}
\end{aligned}
$$

消去上式中分子、分母的公因子 s^2-1，再用分子除分母，可从 $z'_{in}(s)$ 中移出一个并联电感：

$$
\begin{array}{r}
\dfrac{12}{s}\\
2s+s^2\,)\overline{24+14s+4s^2}\\
\underline{24+12s}\\
2s+4s^2
\end{array}
$$

即导纳为

$$
y'_{in}(s)=\frac{12}{3}+\frac{4s^2+2s}{s^2+2s}
$$

所以并联电感 $L=\dfrac{1}{12}$。余函数 $z''_{in}(s)=\dfrac{1}{y''_{in}(s)}=\dfrac{s^2+2s}{4s^2+2s}$。可以验证：

$$
(m''_1m''_2-n''_1n''_2)|_{s=1}=1\times4-2\times2=0
$$

所以可再从 $z'_{in}(s)$ 中移出一个单位元件，其特性阻抗为

$$
z_0=z''_0(1)=\frac{1}{2}
$$

而余函数为

$$
z'''_{in}=\frac{1}{2}\cdot\frac{\dfrac{1}{2}s-\dfrac{s^2+2s}{4s^2+2s}}{s\cdot\dfrac{s^2+2s}{4s^2+2s}-\dfrac{1}{2}}=\frac{1}{2}\cdot\frac{4s^3-4s}{2s^3-2s}=1
$$

最后剩下的负载电阻为 1。这样便完成了 s 面网络综合，综合的电路就是图 4.5-2(b)所示的电路。

需要说明的是，由输入阻抗综合出的 s 面网络是不唯一的。

4.6 Butterworth 综合

本节和下节简单介绍如何采用所选定的逼近函数近似问题所要求的理想增益，即"逼近论问题"。广义地说，构成的逼近函数除了要符合是频率 ω 的偶函数和有理多项式的条件外，还必须尽可能地趋近理想特性曲线。

1. Butterworth 逼近以及基本性质

Butterworth 首先在 1930 年提出如下一类响应特性：

$$G(\omega^2) = S_{21}(\mathrm{j}\omega)S_{21}^*(\mathrm{j}\omega) = \frac{K_n}{1 + \left(\dfrac{\omega}{\omega_c}\right)^{2n}} \qquad (4.6.1)$$

式中，$0 \leqslant K_n \leqslant 1$。

Butterworth 逼近有如下基本性质：

(1) 在 $\omega = 0$ 和 $\omega = \infty$ 处具有最大平滑特性，故通常把 Butterworth 又称为最平坦函数。

(2) 通带和阻带的 Butterworth 逼近面积分别与理想响应的面积差为 $K_n\omega_c\left(\dfrac{\ln 2}{2\pi}\right)$，也就是与 $\dfrac{1}{n}$ 成比例。

(3) 在 $\omega = 0$ 处，$G(0) = K_n$；而在 $\omega = \omega_c$ 处，不管 n 为何值，均有 $G(1) = \dfrac{1}{2}K_n$，这个性质也称为 Butterworth 的三分贝带边性质。

2. Butterworth 响应中 n 的选择

在微波工程中，Butterworth 响应中的参数 n 表示所要综合的集总元件的数目，它是根据通带与阻带内所要求的技术指标来决定的。n 越大，函数越接近于矩形响应。

4.7 Chebyshev 综合

1. Chebyshev 多项式

n 阶第一类 Chebyshev 多项式定义为

当 $|x| \leqslant 1$ 时，

$$T_n(x) = \cos(n\cos^{-1}x) \qquad (4.7.1)$$

当 $|x| > 1$ 时，

$$T_n(x) = \cosh(n\cosh^{-1}x) \qquad (4.7.2)$$

其递推公式是

$$T_{n+1}(x) = 2xT_n(x) - T_{n-1}(x) \qquad (4.7.3)$$

2. Chebyshev 多项式的几个重要性质

（1）零点特性：

当 $n=2k$，$k=0,1,2,\cdots$时，$T_n(0)=(-1)^{\frac{n}{2}}$；

当 $n=2k+1$，$k=0,1,2,\cdots$时，$T_n(0)=0$。

（2）带边特性：

$$T_n(1) = 1$$

（3）奇偶特性：

$$T_n(-x) = (-1)^n T_n(x)$$

（4）带内特性：自变量 $|x| \leqslant 1$ 时称为带内，n 阶 Chebychev 多项式有 n 个零点。这 n 个零点全部落在 $-1 < x < 1$ 的区域内，且 $T_n(x)$ 在 -1 和 $+1$ 之间等波纹起伏。因此，常常把 Chebyshev 响应称为等波纹响应。

（5）带外特性：自变量 $|x| > 1$ 时称为带外，$|T_n(x)|$ 在带外单调上升，当 $x \gg 1$ 时，$T_n(x) \approx 2^{n-1}x^n$。

（6）最佳特性：所有 n 阶多项式 $T_n(X_M x)$ 中（其中 $X_M > 1$），若 x_0 表示其最大一个实根，对于一定的 $X_M(1-x_0)$，定义上升斜率为

$$Q = \frac{|T_n(X_M)|}{\max|T_n(X_M x)|}, \qquad |x| < |x_0|$$

则 Chebychev 多项式可得到最大的 Q 值，即

$$\max Q = \frac{|T_n(X_M)|}{1}$$

3. Chebyshev 逼近及 n 的选择

Chebyshev 逼近是在微波工程中最为常用的一类函数。定义 Chebyshev 响应的增益是

$$G(\omega^2) = \frac{K_n}{1 + \varepsilon^2 T_n^2(\omega/\omega_c)} \qquad (4.7.4)$$

十分明显，$T_n^2(\omega/\omega_c)$ 是 ω 的偶函数，即符合逼近函数条件，ε 称为等波纹系数，ω_c 是截止角频率。

4.8 椭圆函数综合

1. 椭圆函数滤波器的低通原型增益函数

椭圆函数滤波器的低通原型增益函数为

$$|G(j\omega)|^2 = \frac{1}{1+\varepsilon^2 F_n^2(\omega)} \qquad (4.8.1)$$

式中，n 为椭圆函数的阶数，ε 为通带波纹系数，$F_n(\omega) = \mathrm{sn}(\varphi; m')$，$m' = (\varepsilon/\varepsilon_1)^2$，$\varepsilon_1$ 为阻带波纹系数。一般地，$F_n(\omega)$ 又可描述为：

当 n 为奇数时，有

$$F_n = \left(\frac{k^n}{k_1}\right)^{1/2} \frac{\omega(\omega_1^2-\omega^2)(\omega_2^2-\omega^2)\cdots(\omega_p^2-\omega^2)}{(1-k^2\omega_1^2\omega^2)(1-k^2\omega_2^2\omega^2)\cdots(1-k^2\omega_p^2\omega^2)}, \quad p=\frac{1}{2}(n-1)$$

$$(4.8.2)$$

当 n 为偶数时，有

$$F_n = \left(\frac{k^n}{k_1}\right)^{1/2} \frac{(\omega_1^2-\omega^2)(\omega_2^2-\omega^2)\cdots(\omega_p^2-\omega^2)}{(1-k^2\omega_1^2\omega^2)(1-k^2\omega_2^2\omega^2)\cdots(1-k^2\omega_p^2\omega^2)}, \quad p=\frac{n}{2}$$

$$(4.8.3)$$

其中，ω_p 是带内极点，$k^2=(1/\omega_s)^2$，ω_s 是归一化阻带截止频率，$k_1=\varepsilon/\varepsilon_1$。

2. 椭圆函数滤波器综合的主要参数

（1）n——不同于 Butterworth 或 Chebyshev 响应中的 n（为元件数目）。在椭圆函数响应中，由于有并联（或串联）电路，n 通常不代表元件的数目。例如 $n=3$ 时，元件数目为 4。

（2）ε——与通带内的纹波幅度有关。

（3）k——由阻带边沿频率决定。

（4）k_1——与阻带内的最大增益有关。

需要注意的是，上述 4 个变量不是完全独立的，它们受下列式子的约束：

$$N = \frac{KK_1'}{K_1 K'} \qquad (4.8.4)$$

其中，K 是以 k 为模数的第一类完全椭圆积分；K' 是以 k' 的余模数 $k'=\sqrt{1-k^2}$ 为模数的第一类完全椭圆积分；K_1 是以 k_1 为模数的第一类完全椭圆积分；K_1' 是以 k_1' 的余模数 $k_1'=\sqrt{1-k_1^2}$ 为模数的第一类完全椭圆积分。

3. 椭圆函数滤波器的设计步骤

（1）由给定的带内损耗指标给出波纹系数 ε：

$$\varepsilon = \sqrt{10^{\frac{L_{Ar}}{10}} - 1} \tag{4.8.5}$$

式中，L_{Ar} 是带内损耗指标。

（2）由阻带边频给出模数 k 的值：

$$\frac{1}{k} = \omega_s \tag{4.8.6}$$

（3）由 k 的余模数 k_1 的值修正带外衰减 As 的值，由带外衰减给出模式 k_1 的值，则

$$L_{As} = 10\log\left(1 + \frac{\varepsilon^2}{k_1^2}\right) \tag{4.8.7}$$

式中，L_{As} 是阻带的衰减要求。

（4）利用式(4.8.4)计算椭圆函数的级数 n。一般地，椭圆函数的节数 $n=[N]$，滤波器的节数选用大于 n 的整数，为 $n+1$。

（5）低通原型中带内极点的值为

$$\omega_p = \text{sn}\left(\frac{2p}{n}K, k\right), \quad p = 0, 1, \cdots, \frac{1}{2}(n=1), n \text{ 为奇数} \tag{4.8.8a}$$

$$\omega_p = \text{sn}\left(\frac{2p-1}{n}K, k\right), \quad p = 0, 1, \cdots, \frac{1}{2}n, n \text{ 为偶数} \tag{4.8.8b}$$

对应传输零点的值为

$$\omega_z = \frac{1}{k\omega_p} \tag{4.8.9}$$

当 n 为偶数，$\omega' \to \infty$ 时，$G(\omega'^2) \to G_{max}$（G_{max} 是阻带等波纹响应的最大值）。这时，综合网络会存在一定的问题。为了改变这一性质，一般还要采用频率变换。并且，偶数阶椭圆函数由于自身函数的特点，无法接对称负载，所以在接对称负载时，一般都要将函数的阶数加 1，变成奇数阶。

4.9　1/4 波长阻抗变换器

在微波电路中，常常遇到阻抗匹配问题，如不同传输线间的连接、不同元件间的连接、各种天线与馈线间的连接等问题。如果是直接连接，必然会产生反射，影响功率传输。因此，需要在连接点间插入匹配网络，以达到阻抗匹配，保证功率无反射地传输。

根据待匹配负载的性质，阻抗匹配网络可以分为三种：一种是匹配纯电阻负载的阻抗匹配网络，称之为阻抗变换器，这类匹配都是无反射匹配；另一种是匹配复阻抗负载的阻抗变换网络，通常采用共轭匹配，以期获得最大输出功

率；第三种是匹配负阻与正阻的阻抗匹配网络，以期获得一定的功率增益。本节介绍最常用的一种阻抗匹配器——1/4 波长阻抗变换器的原理与设计方法。

4.9.1　基本原理

我们知道，一节 $\lambda/4$ 线可起到阻抗变换作用，设源阻抗为 $Z_g = R_g$，负载阻抗为 $Z_L = R_L$，$\lambda/4$ 线特性阻抗为 Z_1，则输入阻抗 $Z_{in} = Z_1 \dfrac{R_L + jZ_1\tan\theta}{Z_1 + jR_L\tan\theta}$；在阻抗变换 $l = \lambda/4$ 时，电长度 $\theta = \dfrac{2\pi\lambda}{4\lambda} = \dfrac{\pi}{2}$，所以，$Z_{in} = \dfrac{Z_1^2}{R_L}$。于是，只要 $Z_1 = \sqrt{R_g R_L}$，就可以保证输入端匹配，即 $Z_g = Z_{in}$。之所以能达到匹配，是因为其两端产生的反射，在输入端大小相等、相位相反，相互抵消所致。但当频率变化时，$l \neq \lambda/4$，两端反射将不能完全抵消，因而匹配程度变差。所以，一节 $\lambda/4$ 变换器的匹配带宽很窄。为此，采用多节阶梯阻抗变换器，这种变换器是由许多长度相同（在中心频率上是 1/4 波长）、特性阻抗不等的均匀传输线所构成的，如图 4.9-1 所示。图中各阻抗值都对源阻抗 Z_0 归一化，即 $Z_0 = 1$，$Z_L = Z_{n+1} = R$，R 叫做阻抗变化比。各传输线特性阻抗呈阶梯状变化，阶梯上的反射在输入端相互抵消，只要阶梯阻抗变化足够慢，就能够保证足够的宽带匹配。

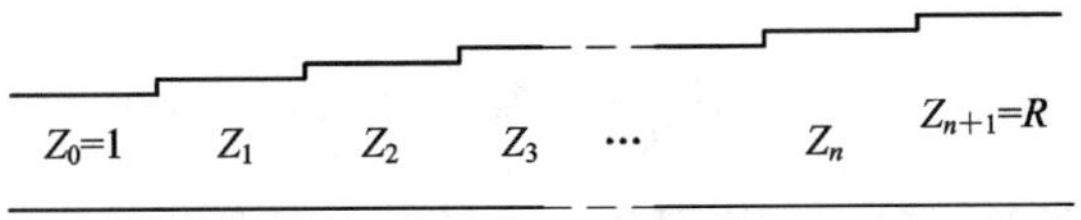

图 4.9-1　1/4 波长阶梯阻抗变换器

对于一节 1/4 波长阻抗变换器，A 矩阵为

$$A = \begin{bmatrix} A_{11} & A_{12} \\ A_{21} & A_{22} \end{bmatrix} = \begin{bmatrix} \cos\theta & jZ_1\sin\theta \\ j\dfrac{1}{Z_1}\sin\theta & \cos\theta \end{bmatrix} \tag{4.9.1}$$

匹配条件为 $Z_1 = \sqrt{R}$，则 $\dfrac{A_{12}}{A_{21}} = Z_1^2 = R$ 或 $\dfrac{A_{12}}{\sqrt{R}} = A_{21}\sqrt{R}$，$A_{11}$ 和 A_{22} 是实函数，并且是 $\cos\theta$ 的一次多项式。

对于两节 1/4 波长阻抗变换器，A 矩阵为

$$A = \begin{bmatrix} A_{11} & A_{12} \\ A_{21} & A_{22} \end{bmatrix} = \begin{bmatrix} \cos\theta & jZ_1\sin\theta \\ j\dfrac{1}{Z_1}\sin\theta & \cos\theta \end{bmatrix} \begin{bmatrix} \cos\theta & jZ_2\sin\theta \\ j\dfrac{1}{Z_2}\sin\theta & \cos\theta \end{bmatrix}$$

即

$$A = \begin{bmatrix} \dfrac{Z_1 + Z_2}{Z_2}\cos^2\theta - \dfrac{Z_1}{Z_2} & \mathrm{j}\sin\theta(Z_1 + Z_2)\cos\theta \\ \mathrm{j}\sin\theta\left(\dfrac{Z_1 + Z_2}{Z_1 Z_2}\right)\cos\theta & \dfrac{Z_1 + Z_2}{Z_0}\cos^2\theta - \dfrac{Z_2}{Z_1} \end{bmatrix} \qquad (4.9.2)$$

由于传输线无耗，Z_1、Z_2 为实数，所以 A_{11}、A_{22} 为实函数，并且是 $\cos\theta$ 的二次多项式，在 $Z_1 Z_2 = R$ 的情况下，有

$$\frac{A_{12}}{A_{21}} = Z_1 Z_2 = R$$

即

$$\frac{A_{12}}{\sqrt{R}} = A_{21}\sqrt{R}$$

推而广之，对于 n 节 1/4 波长阻抗变换器，有

$$A = \begin{bmatrix} A_{11} & A_{12} \\ A_{21} & A_{22} \end{bmatrix} = \prod_{i=1}^{n} \begin{bmatrix} \cos\theta & \mathrm{j}Z_i\sin\theta \\ \mathrm{j}\dfrac{1}{Z_i}\sin\theta & \cos\theta \end{bmatrix} \qquad (4.9.3)$$

由于各传输线无耗，所以 Z_1，Z_2，$\cdots$，Z_n 是实数，因此 A_{11}、A_{22} 是实函数，并且是 $\cos\theta$ 的 n 次多项式；A_{12}、A_{21} 为虚函数，并且在 $Z_i Z_{n-i+1} = R$ 的情况下，有

$$\frac{A_{12}}{\sqrt{R}} = A_{21}\sqrt{R}$$

已知 1/4 波长阶梯阻抗变换器的 A 矩阵后，可求得

$$S_{21}^{-1} = \frac{a_{11} + a_{12} + a_{21} + a_{22}}{2}$$

式中，a_{11}、a_{12}、a_{21}、a_{22} 为归一化 A 矩阵参数，则

$$a_{11} = A_{11}\sqrt{R}, \quad a_{12} = \frac{A_{12}}{\sqrt{R}}, \quad a_{21} = A_{21}\sqrt{R}, \quad a_{22} = \frac{A_{22}}{\sqrt{R}}$$

于是

$$S_{21}^{-1} = \frac{A_{11}\sqrt{R} + A_{12}/\sqrt{R} + A_{21}\sqrt{R} + A_{22}/\sqrt{R}}{2} \qquad (4.9.4)$$

考虑到网络无耗和互易，A_{11}、A_{22} 为实数，A_{12}、A_{21} 为虚数，以及 $\det A = 1$，有

$$\frac{1}{|S_{21}|^2} = \frac{(A_{11}\sqrt{R} + A_{22}/\sqrt{R})^2 - (A_{12}/\sqrt{R} + A_{21}\sqrt{R})^2}{4}$$

$$= \frac{(A_{11}\sqrt{R} + A_{22}/\sqrt{R})^2 - (A_{12}/\sqrt{R} + A_{21}\sqrt{R})^2 + 4 - 4\det A}{4}$$

$$= 1 + \frac{(A_{11}\sqrt{R} - A_{22}/\sqrt{R})^2}{4} - \frac{(A_{12}/\sqrt{R} - A_{21}\sqrt{R})^2}{4} \qquad (4.9.5)$$

通常都要求 1/4 波长阶梯阻抗变换器满足

$$\frac{A_{12}}{\sqrt{R}} = A_{21}\sqrt{R} \qquad (4.9.6)$$

于是，式(4.9.5)变成

$$\frac{1}{|S_{21}|^2} = 1 + \left(\frac{A_{11}\sqrt{R} - A_{22}/\sqrt{R}}{2}\right)^2$$

由于 A_{11} 和 A_{22} 均为 $\cos\theta$ 的 n 次多项式，所以 $\frac{1}{2}\left(A_{11}\sqrt{R} - \frac{A_{22}}{\sqrt{R}}\right)$ 也是 $\cos\theta$ 的 n 次多项式。令其为 $P_n(\cos\theta/\mu_0)$，其中 μ_0 为一常数。这样，1/4 波长阻抗变换器的工作衰减为

$$L_A = 10\lg\frac{1}{|S_{21}|^2} = 10\lg\left[1 + P_n^2\left(\frac{\cos\theta}{\mu_0}\right)\right] \qquad (4.9.7)$$

再引入频率变换 $x = \dfrac{\cos\theta}{\mu_0}$，则

$$L_A = 10\lg[1 + P_n^2(x)] \qquad (4.9.8)$$

式中，$P_n(x)$ 为 x 的 n 次多项式。

这样，便可以像设计滤波器那样设计阻抗变换器了。在一般情况下，阻抗变换器的工作特性都指定在 $\omega_1 \sim \omega_2$ 的频带内，中心频率为 ω_0，带内最大衰减不超过 L_{Ar} 或输入电压驻波比不超过 ρ_r。对带外则一般不作要求。下面先研究一下 $x = \dfrac{\cos\theta}{\mu_0}$ 的变换。

设有一低通原型，工作衰减为式(4.9.8)，如图 4.9-2(a)所示。经过 $x = \dfrac{\cos\theta}{\mu_0}$ 变换后，变到 ω 面上的工作衰减如图 4.9-2(b)所示。变换的对应点如表 4.9.1 所示。

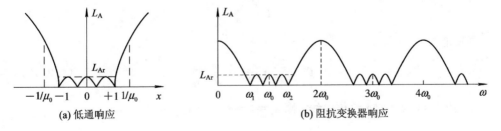

(a) 低通响应　　(b) 阻抗变换器响应

图 4.9-2　$x = \cos\theta/\mu_0$ 变换前后的工作衰减

表 4.9.1　变换的对应点

x	0	1	-1	$\dfrac{1}{\mu_0}$	$-\dfrac{1}{\mu_0}$
θ	$\theta_0 = \dfrac{\pi}{2}$	θ_1	θ_2	0	π
ω	ω_0	ω_1	ω_2	0	$2\omega_0$

由于传输线阻抗的半波长的重复性,所以,图 4.9-2(b)的响应每经 $2\omega_0$ 重复一次。图 4.9-2(b)中响应在 $\omega_1 \sim \omega_2$ 内衰减不超过 L_{Ar},故可作为 $\dfrac{1}{4}$ 波长阶梯阻抗变换器的响应。因此,如果把式(4.9.8)按低通响应设计,再用变换式 $x = \dfrac{\cos\theta}{\mu_0}$ 变换到 ω 面上,就可以得到阻抗变换器响应。低通原型可以采用最平坦函数或 Chebyshev 多项式逼近,故 $P_n(x)$ 可以选为最平坦函数或 Chebyshev 多项式,从而得到最平坦或 Chebyshev 阶梯阻抗变换器。

4.9.2　综合过程

在式(4.9.8)中,若选用 $P_n^2(x) = \varepsilon_r x^{2n}$,则可得到最平坦阻抗变换器;若选用 $P_n^2(x) = \varepsilon_r T_n^2(x)$,则可得到 Chebyshev 阻抗变换器,下面以 Butterworth 变换器为例进行综合。

首先给出 1/4 波长阻抗变换器带宽的定义。通常定义相对带宽为

$$W_g = 2\,\frac{\lambda_{g1} - \lambda_{g2}}{\lambda_{g1} + \lambda_{g2}} \qquad (4.9.9)$$

式中,λ_{g1} 和 λ_{g2} 分别为工作频带内最长的和最短的波导波长。中心波长定义为

$$\lambda_{g0} = \frac{2\lambda_{g1}\lambda_{g2}}{\lambda_{g1} + \lambda_{g2}} \qquad (4.9.10)$$

每节长度为

$$l = \frac{\lambda_{g0}}{4} \qquad (4.9.11)$$

电长度为

$$\theta = \frac{2\pi}{\lambda_g} \cdot \frac{\lambda_{g0}}{4} = \frac{\pi}{2}\,\frac{\lambda_{g0}}{\lambda_g} \qquad (4.9.12)$$

如果传输线为 TEM 波传输线,则 $\lambda_g = \lambda = \dfrac{c}{f}$,于是

$$\begin{cases} \omega_g = 2\dfrac{\lambda_1 - \lambda_2}{\lambda_1 + \lambda_2} = 2\dfrac{\omega_2 - \omega_1}{\omega_2 + \omega_1} = \dfrac{\omega_2 - \omega_1}{\omega_0} \\[2mm] \lambda_0 = \dfrac{c}{f_0} = \dfrac{2\pi c}{\omega_0} \\[2mm] \omega_0 = \dfrac{1}{2}(\omega_1 + \omega_2) \\[2mm] l = \dfrac{\lambda_0}{4} \\[2mm] \theta = \dfrac{\pi \omega}{2\omega_0} \end{cases} \tag{4.9.13}$$

Butterworth 型 1/4 波长阶梯阻抗变换器的衰减特性为

$$L_A = 10\lg(1 + \varepsilon_r x^{2n}) = 10\lg\left[1 + \varepsilon_r \left(\frac{\cos\theta}{\mu_0}\right)^{2n}\right] \tag{4.9.14}$$

在带边 ω_1 上，$x = 1$，$\cos\theta_1 = \mu_0$，利用式(4.9.9)和式(4.9.10)的定义可得

$$\mu_0 = \cos\theta_1 = \cos\left(\frac{\pi\lambda_{g0}}{2\lambda_{g1}}\right)$$

$$= \sin\left[\frac{\pi}{2}\left(\frac{\lambda_{g_0}}{\lambda_1} - 1\right)\right] = \sin\left(\frac{\pi}{4}W_g\right) \tag{4.9.15}$$

以及

$$L_A = 10\lg(1 + \varepsilon_r)$$

则

$$\varepsilon_r = 10^{L_A/10} - 1 \tag{4.9.16}$$

另一方面，L_A 与驻波比 ρ_r 的关系是

$$L_A = 10\lg\frac{1}{1 - |\Gamma|^2} = 10\lg\frac{1}{1 - \left(\dfrac{\rho_r - 1}{\rho_r + 1}\right)^2}$$

$$= 10\lg\frac{(\rho_r + 1)^2}{4\rho_r} = 10\lg\left[1 + \frac{(\rho_r - 1)^2}{4\rho_r}\right] \tag{4.9.17}$$

代入式(4.9.16)得

$$\varepsilon_r = \frac{(\rho_r - 1)^2}{4\rho_r} \tag{4.9.18}$$

在 $\omega = 0$ 上，$x = 1/\mu_0$，此时阻抗变换器不起作用，输入电压驻波比等于阻抗变换比 R，是全频带内所能达到的最大驻波比，相应的最大衰减（带外）为

$$L_{A\max} = 10\lg\left[1 + \varepsilon_r\left(\frac{1}{\mu_0}\right)^{2n}\right] = 10\lg(1 + \varepsilon_a) \tag{4.9.19}$$

式中，$\varepsilon_a = \varepsilon_r\left(\dfrac{1}{\mu_0}\right)^{2n}$。同时，$L_{A\max} = 10\lg\left[1 + \dfrac{(R-1)^2}{4R}\right]$，所以

$$\varepsilon_a = \frac{(R-1)^2}{4R} = \varepsilon_r \left(\frac{1}{\mu_0}\right)^{2n} \qquad (4.9.20)$$

由此，可得阻抗变换器节数为

$$n \geqslant \frac{\lg\varepsilon_r - \lg\varepsilon_a}{2\lg\mu_0} \qquad (4.9.21)$$

式中，n 必须取整数。在设计阻抗变换器时，通常给定的技术指标是 W_g、R、ρ_r 以及中心频率，因此它们的设计公式可以总结为

$$\begin{cases} \mu_0 = \sin\left(\frac{\pi}{4}W_g\right) \\[2mm] \varepsilon_r = \frac{(\rho_r-1)^2}{4\rho_r} \\[2mm] \varepsilon_a = \frac{(R-1)^2}{4R} \\[2mm] n \geqslant \frac{\lg\varepsilon_r - \lg\varepsilon_a}{2\lg\mu_0} \end{cases} \qquad (4.9.22)$$

已知 ε_r、μ_0 和 n 后，即可由式(4.9.14)进行综合。由于综合的是等长传输线段的特性阻抗，所以采用 $s = \mathrm{j}\tan\theta$ 综合更方便。根据 $\cos\theta = \dfrac{1}{\sqrt{1+\tan^2\theta}} = \dfrac{1}{\sqrt{1-s^2}}$，代入式(4.9.14)，得

$$L_A = 10\lg\left[1 + \frac{\varepsilon_a}{(1-s^2)^n}\right] \qquad (4.9.23)$$

于是反射系数的模为

$$|\Gamma|^2 = \frac{\varepsilon_a}{(1-s^2)^n + \varepsilon_a} \qquad (4.9.24)$$

然后，利用已介绍过的由 $|\Gamma|^2$ 求 Γ 的方法，可得归一化输入阻抗 $z_{in}(s)$。再应用理查兹定理，从 $z_{in}(s)$ 中每移出一个单位元件，即可得一节 1/4 波长线及其归一化特性阻抗，于是最平坦型阻抗变换器就综合出来了。考虑到关系式 $Z_i Z_{n-i+1} = R(i=1, 2, \cdots, n)$，综合只需进行一半即可。

例 4.9.1 试综合一个 1/4 波长阶梯阻抗变换器，$W_g = 0.4$，$\rho_r \leqslant 1.2$，$R = 5$。

解 由公式(4.9.22)可得

$$\mu_0 = \sin\left(\frac{\pi}{4}W_g\right) = \sin\left(\frac{\pi}{4} \times 0.4\right) = 0.309$$

$$\varepsilon_r = \frac{(\rho_r-1)^2}{4\rho_r} = 8.33 \times 10^{-3}$$

$$\varepsilon_a = \frac{(R-1)^2}{4R} = 0.8$$

$$n \geqslant \frac{\lg\varepsilon_r - \lg\varepsilon_a}{2\lg\mu_0} = 1.943$$

故选取 $n=2$。又由式(4.9.24)得反射系数模平方为

$$|\Gamma|^2 = \frac{\varepsilon_a}{(1-s^2)^n + \varepsilon_a} = \frac{0.8}{(s^2-1)^2 + 0.8}$$

综合时，取 $P(s) = \sqrt{0.8} = 0.8944$。而 $Q(S)$ 由 $(s^2-1)^2 + 0.8 = 0$ 的左半平面的根组成。根据

$$(s^2-1)^2 + 0.8 = s^4 - 2s^2 + 1.8 = 0$$

得 $s_k = \pm\sqrt{1\pm j0.8944}$，选取 s 左半平面根 $s_{1,2} = -\sqrt{1\pm j0.8944}$，组成 $Q(s)$ 为

$$Q(s) = (s-s_1)(s-s_2) = s^2 + 2.16s + 1.34$$

由此求得归一化输入阻抗为

$$z_{in}(s) = \frac{Q(s) + P(s)}{Q(s) - P(s)} = \frac{s^2 + 2.16s + 2.24}{s^2 + 2.16s + 0.44}$$

应用理查兹定理，从 $z_{in}(s)$ 中移出一个单位元件，即第一节 1/4 波长线，其归一化特性阻抗为

$$z_1 = z_{in}(1) = 1.50$$

利用关系式 $Z_1 Z_2 = R$，得第二节 1/4 波长线的归一化特性阻抗为

$$z_2 = \frac{R}{z_1} = 3.33$$

按照例题介绍的方法，可以综合出不同 n 和 R 的各阶梯阻抗值，如表 4.9.2 所示。

表 4.9.2　Butterworth 型 1/4 波长阶梯阻抗变换器的阶梯阻抗数值

（$Z_0 = 1$，$Z_{n+1} = R$，$n = 2\sim5$）

R	$n=2$	$n=3$	$n=4$		$n=5$	
	Z_1	Z_1	Z_1	Z_2	Z_1	Z_2
1.5	1.1067	1.052	1.0257	1.1351	1.0128	1.0790
2.0	1.1892	1.0907	1.0444	1.2421	1.0220	1.0391
2.5	1.2574	1.1218	1.0593	1.3320	1.0293	1.1882
3.0	1.3161	1.1479	1.0718	1.4105	1.0354	1.2300
4.0	1.4142	1.1907	1.0919	1.5442	1.0452	1.2995
5.0	1.4954	1.2258	1.1080	1.6596	1.0531	1.3566
6.0	1.5651	1.2544	1.1215	1.7553	1.0596	1.4055
8.0	1.6818	1.3022	1.1436	1.9232	1.0703	1.4870

R	$n=2$	$n=3$	$n=4$		$n=5$	
	Z_1	Z_1	Z_1	Z_2	Z_1	Z_2
10.0	1.7783	1.3409	1.1413	2.0651	1.0789	1.5541
	$Z_2=R/Z_1$	$Z_2=\sqrt{R}$ $Z_3=R/Z_1$	$Z_3=R/Z_2$ $Z_4=R/Z_1$		$Z_3=\sqrt{R}$ $Z_4=R/Z_2$ $Z_5=R/Z_1$	

依照同样的过程，也可综合出 Chebyshev 型 1/4 波长阶梯阻抗变换器的阻抗值。

习　题

4.1　试综合出下列阻抗函数的单口梯形网络，并判断是否为电抗函数。

(1) $Z_{in}=\dfrac{s^4+32s^2+16}{s^3+4s}$；

(2) $Z_{in}=\dfrac{2s^3+6s^2+6s+3}{2s^2+4s+3}$

4.2　已知一无耗双口网络的衰减函数为 $L_A=10\log(1+\omega^4)$，试综合其梯形网络结构。

4.3　画出图题 4.3 中各电路的 s 面网络。图中所有数据都是归一化导纳值，θ 为电长度。

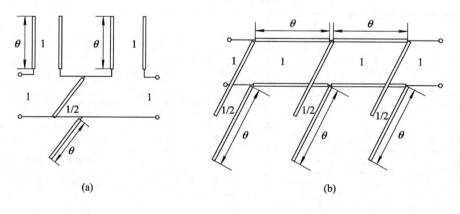

(a)   (b)

题 4.3 图

4.4 已知 s 面网络的归一化输入阻抗为 $z_{in}(s)=\dfrac{2s^3+2s^2+\dfrac{5}{2}s}{2s^2+2s+1}+1$，试综合出该 s 面网络，并画出其等长传输线电路。

4.5 试推导最平坦型阶梯阻抗变换器的节数公式：

$$n\geqslant\frac{\lg\left(\dfrac{\varepsilon_r}{\varepsilon_a}\right)}{2\lg\mu_0}=\frac{\lg\dfrac{R(\rho_r-1)^2}{\rho_r(R-1)^2}}{2\lg\mu_0}$$

4.6 试综合一 1/4 波长阶梯阻抗变换器，指标为 $W_g=0.6$，$\rho_r\leqslant1.2$，$R=4.0$。

第五章 双匹配网络的综合

匹配网络的综合是指在给定的信号源和负载之间设计一个耦合网络,使其在整个给定的频带内从信号源到负载的功率转移最大。根据源阻抗的不同,匹配问题可以分为单匹配和双匹配。若源阻抗是一个纯电阻,此时的匹配问题称为单匹配;若源阻抗是一个复阻抗,则此匹配问题称为双匹配。

本章主要介绍双匹配网络的综合,包括双匹配网络的一般概念、具有简单传输零点的双匹配网络及其实频 CAD 技术。目标仍然是设计一个集总和互易的无耗匹配网络,以便将一个任意的无源集总负载与复阻抗电源相匹配,同时实现预给定的转换功率增益特性。在下面的讨论中,假设电源阻抗和负载都是严格无源阻抗,而且本章仅仅涉及无耗低通匹配网络的设计问题。

5.1 双匹配网络的一般概念

本节将讨论双匹配网络的基本关系式、系统的传输零点和匹配网络的物理实现等问题。

5.1.1 双匹配网络的基本关系式

在研究双匹配问题时,将整个双匹配系统(如图 5.1-1(a)所示)表示为图 5.1-1(b)所示的形式是很方便的。图中终端接 1 Ω 的无耗网络 G 和 L,分别是电源阻抗 $z_g(s)$ 和负载阻抗 $z_1(s)$ 的达林顿等效网络。大虚线框包括的双口网络是由 G、E、L 级联组成的,即 G-E-L 网络,其终端电阻为 1 Ω。为了便于下面的讨论,首先给出有关的散射矩阵、参数的定义和基本关系式。

网络 G-E-L 的散射矩阵是单位归一化散射矩阵,可表示为

$$\boldsymbol{S}(s) = \begin{bmatrix} S_{ij}(s) \end{bmatrix}, \quad i, j = 1, 2 \tag{5.1.1}$$

参考阻抗为 $z_g(s)$ 和 $z_1(s)$,即均衡器网络 E 的复归一化散射矩阵为

$$\boldsymbol{S}'_E(s) = \begin{bmatrix} S'_{ijE}(s) \end{bmatrix}, \quad i, j = 1, 2 \tag{5.1.2}$$

参考阻抗 $z_g(j\omega)$ 和 $z_1(j\omega)$ 的实部和虚部为

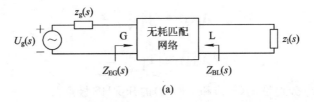

(a)

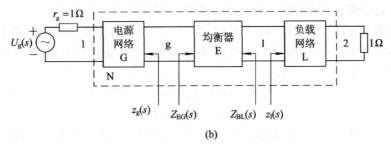

(b)

图 5.1-1 双匹配网络系统

$$z_g(j\omega) = r_g(\omega) + jx_g(\omega) \tag{5.1.3a}$$

$$z_l(j\omega) = r_l(\omega) + jx_l(\omega) \tag{5.1.3b}$$

参考阻抗 $z_g(s)$ 和 $z_l(s)$ 的准埃尔米特部分(或偶部)为

$$r_g(s) = \frac{1}{2}[z_g(s) + z_g(-s)] = h_g(s)h_g(-s) \tag{5.1.3c}$$

$$r_l(s) = \frac{1}{2}[z_l(s) + z_l(-s)] = h_l(s)h_l(-s) \tag{5.1.3d}$$

根据前面的讨论方式,定义下列函数。

均衡网络 E 的复归一化反射系数为

$$S'_{11E}(s) = \frac{Z_{EG}(s) - z_g(-s)}{Z_{EG}(s) + z_g(s)} \frac{h_g(s)}{h_g(-s)} \tag{5.1.4a}$$

$$S'_{22E}(s) = \frac{Z_{EL}(s) - z_l(-s)}{Z_{EL}(s) + z_l(s)} \frac{h_l(s)}{h_l(-s)} \tag{5.1.4b}$$

式中,$h_g(s)$ 和 $h_l(s)$ 分别是 $r_g(s)$ 和 $r_l(s)$ 的因式;$Z_{EG}(s)$ 和 $Z_{EL}(s)$ 分别是在网络 E 的其他端口接有相应负载时,从端口 g 和端口 l 向均衡器 E 看去的阻抗函数,如图 5.1-1 所示。在网络 E 的端口 g 和端口 l 的有界实反射系数为

$$\rho_g(s) = A_g(s)S_{11E}(s) = A_g(s)\frac{Z_{EG} - z_g(-s)}{Z_{EG} + z_g(s)} \tag{5.1.5a}$$

$$\rho_l(s) = A_l(s)S_{22E}(s) = A_l(s)\frac{Z_{EL} - z_l(-s)}{Z_{EL} + z_l(s)} \tag{5.1.5b}$$

式中,$A_g(s)$ 和 $A_l(s)$ 是全通函数之积,它们又分别为

$$A_g(s) = \prod_{k=1}^{r_1} \frac{s - s_{gk}}{s + s_{gk}} \tag{5.1.6a}$$

$$A_l(s) = \prod_{m=1}^{r_2} \frac{s - s_{lm}}{s + s_{lm}} \tag{5.1.6b}$$

式中，s_{gk} 和 s_{lm} 分别是 $z_g(-s)$ 和 $z_l(-s)$ 的开 RHS 极点。

下面证明一个有用的定理。

定理 5.1.1 总网络 G-E-L(见图 5.1-1(b))的单位归一化散射参量 $S_{ij}(s)$，$i, j = 1, 2$ 与网络 E 在端口 g 和端口 l 的有界实反射系数 $\rho_g(s)$ 和 $\rho_l(s)$ 具有如下关系：

$$S_{11}(s) = B_g(s)\rho_g(s) \tag{5.1.7a}$$

$$S_{22}(s) = B_l(s)\rho_l(s) \tag{5.1.7b}$$

式中，$B_g(s)$ 和 $B_l(s)$ 分别是由 $r_g(s)$ 和 $r_l(s)$ 的开 RHS 零点形成的全通函数积，其表示式为

$$B_g(s) = \pm \prod_{j=1}^{\mu_1} \frac{s - s_{gj}}{s + s_{gj}} \tag{5.1.8a}$$

$$B_l(s) = \pm \prod_{n=1}^{\mu_2} \frac{s - s_{ln}}{s + s_{ln}} \tag{5.1.8b}$$

证明 令 $A(s) = (a_{ij})$ 代表网络 G 或 L 的单位归一化散射矩阵。在图 5.1-1(b) 端口 g 或端口 l 的参量 $a_{22}(s)$ 就是网络 G 或 L 的输入阻抗 $z_a(s)$(下标 a 代表 g 或 l)相对于 1 Ω 的反射系数，其表示式(省略了宗量 s)为

$$a_{22} = \frac{z_a - 1}{z_a + 1} \tag{5.1.9}$$

因为网络 G 或 L 是无耗和互易的，因此 $a_{12} = a_{21}$，并根据类条件和式(5.1.9)，有

$$a_{12}a_{12}^* = 1 - a_{22}a_{22}^* = \frac{2(z_a + z_a^*)}{(z_a + 1)(z_a^* + 1)} = \frac{4h_a h_a^*}{(z_a + 1)(z_a^* + 1)} \tag{5.1.10}$$

将有理正实函数 z_a 表示为 $z_a = N_a/D_a$，则 z_a 的偶部为

$$E_V z_a = \frac{1}{2}(z_a + z_a^*) = \frac{N_a D_a^* + N_a^* D_a}{2D_a D_a^*} = \frac{F_a F_a^*}{D_a D_a^*} = h_a h_a^* \tag{5.1.11}$$

因 F_a^* 具有 $E_V z_a$ 开 RHS 的零点，根据因式分解方法，可得

$$h_a = \frac{F_a^*}{D_a} \tag{5.1.12}$$

因为要求散射参量 a_{12} 在开 RHS 内解析，从式(5.1.10)选取，则

$$a_{12} = \frac{2h_a}{z_a + 1} \tag{5.1.13}$$

在图 5.1-1(b)中，网络 E 的端口 g 或 l 的单位归一化反射系数（或网络 E-L 或 E-G 的单位归一化散射参量）可表示为

$$\hat{s}_a = \frac{Z_{Ea} - 1}{Z_{Ea} + 1} \quad (a = G \text{ 或 } L) \tag{5.1.14}$$

应用网络级联公式，可以求得组合网络 G-E-L 在端口 2 的单位归一化散射参量为

$$S_{ii} = a_{11} + \frac{a_{12} a_{21} \hat{s}_a}{1 - a_{22} \hat{s}_a} = \frac{a_{11} - \hat{s}_a \Delta}{1 - a_{22} \hat{s}_a} \tag{5.1.15}$$

式中，$\Delta = a_{11} a_{22} - a_{12} a_{21}$，且 $i=1$ 时，下标 $a=G$，a_{ij} 代表网络 G 的参量；$i=2$ 时，下标 $a=L$，a_{ij} 为网络 L 的参量。

根据网络 G 或 L 的互易性和幺正性，有关系式 $A^* = A^{-1}$，其展开式如下：

$$\begin{bmatrix} a_{11}^* & a_{12}^* \\ a_{21}^* & a_{22}^* \end{bmatrix} = \frac{1}{\Delta} \begin{bmatrix} a_{22} & -a_{12} \\ -a_{12} & a_{11} \end{bmatrix}$$

由上式可求得

$$\Delta = -\frac{a_{12}}{a_{12}^*} = \frac{a_{11}}{a_{22}^*} = \frac{a_{22}}{a_{11}^*} \tag{5.1.16}$$

将式(5.1.16)代入式(5.1.15)，可得

$$S_{ii} = \Delta \frac{a_{22}^* - \hat{s}_a}{1 - a_{22} \hat{s}_a} = \frac{a_{12}(a_{22}^* - \hat{s}_a)}{a_{12}^*(1 - a_{22} \hat{s}_a)} \tag{5.1.17}$$

又将式(5.1.9)、式(5.1.13)和式(5.1.14)代入式(5.1.17)，经过整理，可得

$$S_{ii} = \frac{h_a}{h_a^*} \frac{Z_{Ea} - z_a^*}{Z_{Ea} + z_a} = S_{iiE}' \tag{5.1.18}$$

这表明 G-E-L 组合网络单位归一化散射矩阵的对角线元素，与网络 E 相对于 z_a 的复归一化散射矩阵的对角线元素相等。

最后，由式(5.1.12)可得

$$\frac{h_a}{h_a^*} = \frac{F_a^* D_a^*}{F_a D_a} = B_a A_a \tag{5.1.19}$$

式中，$B_a = \frac{F_a^*}{F_a}$。因为 $z_a(s)$ 的偶部 $r_a(s)$ 的 RHS 零点是 F_a^* 的零点，B_a 是由 $r_a(s)$ 的 RHS 零点构成的全通函数，如式(5.1.8)所示；而 $A_a = \frac{D_a^*}{D_a}$，因为 $z_a(-s)$ 的 RHS 极点是 D_a^* 的零点，因而 A_a 是由 $z(-s)$ 的 RHS 极点形成的全通函数，如式(5.1.6)所示。因此由式(5.1.18)和式(5.1.19)可得

$$S_{ii} = A_a B_a \frac{Z_{Ea} - z_a^*}{Z_{Ea} + z_a} = B_a \rho_a \tag{5.1.20}$$

式中,有

$$\rho_a = A_a \frac{Z_{Ea} - z_a^*}{Z_{Ea} + z_a} \tag{5.1.21}$$

式(5.1.21)即式(5.1.5),式(5.1.20)即式(5.1.7)。于是定理得证。

因为网络 G、E、L 都是无耗的,$S(j\omega)$ 和 $S_E'(j\omega)$ 具有幺正性,同时考虑到式(5.1.6),$|A_g(j\omega)|=1$,$|A_1(j\omega)|=1$,因此,G-E-L 网络系统的转换功率增益为

$$G(\omega^2) = |S_{21E}'(j\omega)|^2 = |S_{21}(j\omega)|^2 = 1 - |S_{ii}(j\omega)|^2$$
$$= 1 - |S_{iiE}'(j\omega)|^2, \quad i = 1, 2 \tag{5.1.22}$$

式(5.1.22)是分析和设计双匹配网络的基本关系式。

5.1.2　尤拉定理

如图 5.1-2 所示电路,其中信号源用一个理想电压源与一个内阻抗相串联的形式表示。信号源的内阻抗 $z_1(s)$ 与负载阻抗 $z_2(s)$ 在所研究的频带内是严格无源阻抗。目标是设计一个最佳无耗双口网络 N,使负载阻抗 $z_2(s)$ 和信号源内阻抗 $z_1(s)$ 相匹配,在整个正弦频谱内实现预给的转换功率增益特性 $G(\omega^2)$,并在通带内得到尽可能大的功率增益。

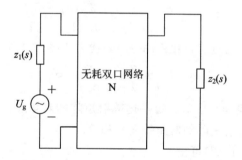

图 5.1-2　信号源与负载之间的匹配网络

为了讨论这个问题,现在导出有关的基本关系式。设无耗匹配网络 N 的参考矩阵为

$$z(s) = \begin{bmatrix} z_1(s) & 0 \\ 0 & z_2(s) \end{bmatrix} \tag{5.1.23}$$

其准埃尔米特部分为

$$r(s) = \frac{1}{2}[z(s) + z^*(s)] \tag{5.1.24}$$

则其可分解为

$$r(s) = h(s)h^*(s) \tag{5.1.25}$$

式中，$r(s)$、$h(s)$ 和 $h^*(s)$ 均为对角矩阵。$h(s)$ 和 $h^*(s)$ 的元素 $h_i(s)$ 和 $h_i(-s)$ （$i=1, 2, \cdots$）均为全通函数。

设 $S'(s)$ 是网络 N 的电流基散射矩阵，$S(s)$ 是 N 对参考阻抗矩阵 $z(s)$ 的归一化散射矩阵，两者有以下关系：

$$S(s) = h(s)S'(s)h^+(s) \tag{5.1.26}$$

式中，

$$S'(s) = [Z(s) + z(s)]^{-1}[Z(s) - z^*(s)] \tag{5.1.27}$$

其中，$Z(s)$ 是无耗双口网络的开路阻抗矩阵，对互易双口网络，它是一个对称矩阵。由式(5.1.24)～式(5.1.27)，可以导出归一化反射系数为

$$S_{11}(s) = \frac{h_1(s)}{h_1(-s)}S'_{11}(s) = \frac{h_1(s)}{h_1(-s)} \frac{Z_{11}(s) - z_1(-s)}{Z_{11}(s) + z_1(s)} \tag{5.1.28a}$$

$$S_{22}(s) = \frac{h_2(s)}{h_2(-s)}S'_{22}(s) = \frac{h_2(s)}{h_2(-s)} \frac{Z_{22}(s) - z_2(-s)}{Z_{22}(s) + z_2(s)} \tag{5.1.28b}$$

为了讨论方便，将上面两个式子表示为

$$S_{ii}(s) = \frac{h_i(s)}{h_i(-s)} \frac{Z_{ii}(s) - z_i(-s)}{Z_{ii}(s) + z_i(s)}, \quad i = 1, 2 \tag{5.1.29}$$

式中，$\dfrac{h_i(s)}{h_i(-s)}$ 是一个全通函数，它的极点包括了 $z_i(s)$ 在开 LHS 内的所有极点，它的零点包括 $r_i(s)$ 在开 LHS 内的所有零点。将这个全通函数表示为两个全通函数的乘积，即

$$\frac{h_i(s)}{h_i(-s)} = A_i(s)B_i(s), \quad i = 1, 2 \tag{5.1.30}$$

它们分别由 $z_i(-s)$ 在开 RHS 的诸极点 $s_j(j=1, 2, \cdots, \nu)$ 和 $r_i(s)$ 在开 RHS 的诸零点 $s_k(k=1, 2, \cdots, \mu)$ 定义。设

$$h_i(s) = \frac{\prod\limits_{k=1}^{\mu}(s - s_k)}{\prod\limits_{j=1}^{\nu}(s - s_j)} \tag{5.1.31}$$

则

$$h_i(-s) = (-1)^{\nu - \mu} \frac{\prod\limits_{k=1}^{\mu}(s + s_k)}{\prod\limits_{j=1}^{\nu}(s + s_j)}$$

$$\frac{h_i(s)}{h_i(-s)} = (-1)^{\nu-\mu} \frac{\prod_{j=1}^{\nu}(s+s_j)}{\prod_{k=1}^{\mu}(s+s_k)} \frac{\prod_{k=1}^{\mu}(s-s_k)}{\prod_{j=1}^{\nu}(s-s_j)}$$

令

$$A_i(s) = \prod_{j=1}^{\nu} \frac{(s-s_j)}{(s+s_j)}, \quad i = 1, 2 \tag{5.1.32a}$$

则

$$B_i(s) = (-1)^{\nu-\mu} \prod_{k=1}^{\mu} \frac{(s-s_k)}{(s+s_k)}, \quad i = 1, 2 \tag{5.1.32b}$$

从式(5.1.29)看到 $S'_{ii}(s)$ 在开 RHS 的极点正是 $z_i(-s)$ 的极点,因而

$$\rho_i(s) = A_i(s)S'_{ii}(s), \quad i = 1, 2 \tag{5.1.33}$$

在闭 RHS 内解析,$\rho_i(s)$ 和 $S_{ii}(s)$ 都是有界实函数。这里 $\rho_i(s)$ 称为有界实反射系数。因为 $B_i(s)$ 是全通函数,所以在实频率轴上有以下关系:

$$|\rho_i(j\omega)| = |S_{ii}(j\omega)| \tag{5.1.34}$$

根据无耗双口网络 $S(s)$ 的幺正性,端口 1 至端口 2 的转换功率增益 $G(\omega^2)$ 可写成

$$G(\omega^2) = |S_{21}(j\omega)|^2 = 1 - |S_{ii}(j\omega)|^2 = 1 - |\rho_i(j\omega)|^2 \tag{5.1.35}$$

因此除了研究参考阻抗 $z_1(s)$ 和 $z_2(s)$ 对 N 的转换功率增益的限制外,还需要研究有界实反射系数:

$$\rho_i(s) = A_i(s) \frac{Z_{ii}(s) - z_i(-s)}{Z_{ii}(s) + z_i(s)}, \quad i = 1, 2 \tag{5.1.36}$$

式(5.1.35)和式(5.1.36)是尤拉宽带匹配理论的基础。式(5.1.36)还可以改写为

$$A_i(s) - \rho_i(s) = \frac{2r_i(s)A_i(s)}{Z_{ii}(s) + z_i(s)}, \quad i = 1, 2 \tag{5.1.37}$$

下面将看到,研究阻抗 $z_i(s)$ 对 $\rho_i(s)$ 的制约条件时,式(5.1.37)是一个便于应用的形式。

设双口网络的转换功率增益特性是 $G(\omega^2)$,散射参数 $S_{21}(s)$ 可以通过式(5.1.35)以及解析延拓理论表示为

$$S_{21}(s)S_{21}(-s) = G(-s^2) \tag{5.1.38}$$

在网络理论中,将双口网络转换功率增益或传输函数为零的点称为传输零点。在传输零点,从信号源到负载不存在能量传输的过程。由式(5.1.35)和式(5.1.38)可知,此时散射参量 $S_{21}(s) = 0$,端口 1 的归一化反射系数 $S_{11}(s) = 1$,这意味着在端口 1 出现全反射,信号源不可能通过双口网络向负载提供能量。

由此很容易推断从端口 1 向负载方向看的策动点阻抗 $Z_{11}(s)$ 为一纯电抗，即 $Z_{11}(s)$ 的准埃尔米特部分为零，即

$$R_{11}(s) = \frac{1}{2}[Z_{11}(s) + Z_{11}(-s)] = 0$$

这里，$Z_{11}(s)$ 由双口网络的结构、参数以及负载阻抗 $z_2(s)$ 确定。以上讨论也适用于端口 2，在传输零点，$S_{22}(s) = 1$，故端口 2 向信号源方向看的策动点阻抗 $Z_{22}(s)$ 的准埃尔米特部分为零，即

$$R_{22}(s) = \frac{1}{2}[Z_{22}(s) + Z_{22}(-s)] = 0$$

当负载与信号源均为电阻性时，传输零点由双口网络的结构与参数决定，因此将这样的传输零点称为网络的传输零点。如果网络的串臂中含有 LC 并联电路，或者在并臂中含有 LC 串联电路，如图 5.1-3 所示，那么 $s_0 = \pm j\dfrac{1}{\sqrt{LC}}$ 将分别是它们的传输零点。若网络的并臂中含有 RC 串联电路，那么 $s_0 = -\dfrac{1}{RC}$ 是网络的传输零点。

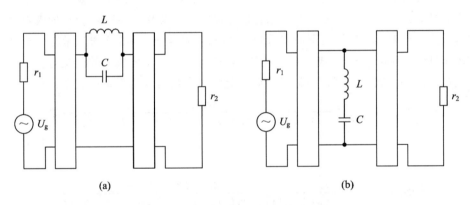

(a)   (b)

图 5.1-3 讨论网络传输零点的图例

当信号源的内阻抗或负载不是纯电阻时，端口 1 到端口 2 的功率传输还受到信号源阻抗 $z_1(s)$ 和负载阻抗 $z_2(s)$ 的影响。因而在考虑传输零点时，要计入 $z_1(s)$ 和 $z_2(s)$ 的作用。为了说明这一点，试看图 5.1-4(a)，其中负载是 RC 并联组合。可以看到，当 $\omega = \infty$ 时，负载不吸收功率，这时不论双口网络具有何种结构，端口 1 至端口 2 的传输功率增益为零，所以 $\omega = \infty$ 是一个传输零点。和图 5.1-2 所示的情况不同，这个传输零点不是由网络 N 而是由负载阻抗 $z_2(s)$ 决定的。又如图 5.1-4(b) 所示，信号源的内阻抗为 RC 并联组合，无论 N 具有何种结构，当 $\omega = \infty$ 时，端口 1 至端口 2 的转换功率增益为零，$\omega = \infty$ 是由 $z_1(s)$ 决

定的传输零点。

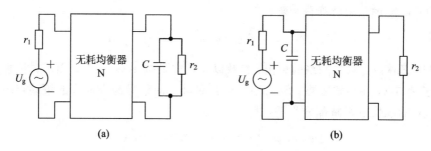

图 5.1-4　说明参考阻抗传输零点的图例

　　为了与网络的传输零点相区别，将由阻抗 $z_1(s)$ 或 $z_2(s)$ 所决定的传输零点称为参考阻抗 $z_1(s)$ 或 $z_2(s)$ 的传输零点。这一类传输零点由尤拉在研究负载阻抗对有界实反射系数约束时首先提出，所以也称为尤拉传输零点。当研究电阻性信号源与任意负载 $z_2(s)$ 相匹配的问题时，尤拉传输零点仅仅由负载决定，故称为负载的传输零点。

　　现在根据已知的参考阻抗 $z_1(s)$ 或 $z_2(s)$ 来确定尤拉传输零点。从直观上看，似乎 $z_1(s)$ 或 $z_2(s)$ 的准埃尔米特部分的零点，以及 $z_1(s)$ 或 $z_2(s)$ 的极点将构成尤拉传输零点。然而下面将看到，只是 $z_1(s)$ 或 $z_2(s)$ 的准埃尔米特部分在闭 RHS 的零点与 $z_1(s)$ 或 $z_2(s)$ 在实频率轴上的极点才构成尤拉传输零点。由式(5.1.26)和式(5.1.27)可以导出归一化散射参数与参考阻抗的关系：

$$S_{21}(s) = \frac{h_2(s)}{h_1(-s)} \frac{2r_1(s)z_{12}(s)}{[z_{11}(s) + z_1(s)][z_{22}(s) + z_2(s)] - z_{12}^2(s)}$$

(5.1.39a)

或

$$S_{12}(s) = \frac{h_1(s)}{h_2(-s)} \frac{2r_2(s)z_{12}(s)}{[z_{11}(s) + z_1(s)][z_{22}(s) + z_2(s)] - z_{12}^2(s)}$$

(5.1.39b)

式中，$z_{11}(s)$、$z_{22}(s)$ 和 $z_{12}(s)$ 分别是网络的开路阻抗矩阵的元素。根据式(5.1.25)，上两式可写成

$$S_{21}(s) = S_{12}(s) = \frac{2h_1(s)h_2(s)z_{12}(s)}{[z_{11}(s) + z_1(s)][z_{22}(s) + z_2(s)] - z_{12}^2(s)}$$

(5.1.39c)

由式(5.1.39c)可见，$h_1(s)$ 和 $h_2(s)$ 的零点，即 $z_1(s)$ 和 $z_2(s)$ 的准埃尔米特部分在开 RHS 内的零点是尤拉传输零点。再看该式的分母，$z_1(s)$ 和 $z_2(s)$ 开 LHS 的极点与 $h_1(s)$ 和 $h_2(s)$ 开 LHS 的极点相抵消。$h_1(s)$ 和 $h_2(s)$ 在实频率轴上无

极点，因而 $z_1(s)$ 和 $z_2(s)$ 在实频率轴上的极点也是尤拉传输零点。当然，有时 $z_1(s)$ 实频率轴上的极点也是 $r_1(s)$ 的零点。这样证实了以上结论，即 $z_1(s)$ 的尤拉传输零点是 $r_1(s)$ 在闭 RHS 的零点与 $z_1(s)$ 在实频率轴上的极点。从式(5.1.39b)也可以得到同样的结论。

以上讨论也完全适用于 $z_2(s)$ 的尤拉传输零点。为了计算方便起见，以下用简洁的方式来定义参考阻抗的尤拉传输零点。

对给定的参考阻抗 $z_i(s)$，函数

$$\omega_i(s) = \frac{r_i(s)}{z_i(s)} \tag{5.1.40}$$

在闭 RHS 的 k 阶零点，称为参考阻抗 $z_i(s)$ 的 k 阶尤拉传输零点。

由式(5.1.37)可知，在尤拉传输零点处，此等式为零，故尤拉传输零点 s_{i0} 也是 $A_i(s) - \rho_i(s)$ 的零点，或

$$A_i(s_{i0}) = \rho_i(s_{i0}) \tag{5.1.41}$$

式(5.1.41)的左侧决定于阻抗 $z_i(s)$，因而这个等式表示了参考阻抗 $z_i(s)$ 对有界实反射系数的约束。$A_i(s)$ 是全通函数，若尤拉传输零点在实频率轴上，$s_{i0} = j\omega_{i0}$，则 $|\rho_i(j\omega_{i0})| = |S_{ii}(j\omega_{i0})| = 1$。正如前面已指出的那样，在端口 i 处将出现全反射。

为了讨论方便，尤拉将参考阻抗的传输零点按它们在闭 RHS 的位置和 $z_i(s_0)$ 的值分为四类：

第 I 类：$\sigma_{i0} > 0$，包括开 RHS 的所有的尤拉传输零点。

第 II 类：$\sigma_{i0} = 0$，且 $z_i(j\omega_{i0}) = 0$。

第 III 类：$\sigma_{i0} = 0$，且 $0 < z_i(j\omega_{i0}) < \infty$。

第 IV 类：$\sigma_{i0} = 0$，且 $z_i(j\omega_{i0}) = \infty$。

以上 I～IV 类尤拉传输零点均位于实频率轴上，而阻抗 $z(j\omega_{i0})$ 具有不同的值。

例 5.1.1　求图 5.1-5 所示阻抗的尤拉传输零点，并确定其类别。

解　图 5.1-5 的阻抗为

$$z(s) = \frac{1 + R(C_1 + C_2)s + LC_1 s^2 + RLC_1 s^3}{C_2 s(1 + RC_1 s + LC_1 s^2)} \tag{5.1.42}$$

它的准埃尔米特部分是

$$r(s) = \frac{1}{2}[z(s) + z(-s)]$$

$$= \frac{R(1 + 2LC_1 s^2 + L^2 C_1^2 s^4)}{(1 + RC_1 s + LC_1 s^2)(1 - RC_1 s + LC_1 s^2)} \tag{5.1.43}$$

根据前面的讨论，尤拉传输零点包括 $r(s)$ 的闭 RHS 的零点及 $z(s)$ 在实频率轴上的极点。$r(s)$ 在闭 RHS 的二阶零点是

$$s_{01} = j \frac{1}{\sqrt{LC_1}} = j\omega_0$$

$$s_{02} = -j \frac{1}{\sqrt{LC_1}} = -j\omega_0$$

由式(5.1.42)可知，$z(s)$在实频率轴上的一阶极点为

$$s_{03} = 0$$

若按照尤拉传输零点的定义，求得函数

$$\omega(s) = \frac{r(s)}{z(s)} = \frac{RC_2(s)(1 + 2LC_1 s^2 + L^2 C_1^2 s^4)}{[1 + R(C_1 + C_2)s + LC_1 s^2 + RLC_1 C_2 s^3](1 - RC_1 s + LC_1 s^2)}$$

$$\tag{5.1.44}$$

则得到相同的结果。对于s_{01}和s_{02}，阻抗值为

$$|z(s_{01})| = |z(s_{02})| = \frac{1}{\omega_0 C}$$

对于s_{03}，有

$$|z(s_{03})| = \infty$$

因此s_{01}和s_{02}是第Ⅱ类二阶尤拉传输零点，s_{03}是第Ⅳ类一阶尤拉传输零点。

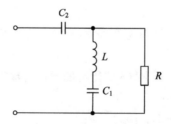

图 5.1-5 例 5.1.1 的阻抗 $z(s)$

例 5.1.2 求图 5.1-6 所示阻抗的尤拉传输零点，并确定其类别。

解 (1) 图 5.1-6(a)的阻抗 $z(s)$ 以及 $r(s)$、$\omega(s)$ 分别为

$$z(s) = \frac{(R_1 + R_2)sR_1 R_2 Cs}{1 + R_2 Cs} \tag{5.1.45}$$

$$r(s) = \frac{(R_1 + R_2) - R_1 R_2^2 C^2 s^2}{1 - R_2^2 C^2 s^2} \tag{5.1.46}$$

$$\omega(s) = \frac{(R_1 + R_2) - R_1 R_2^2 C^2 s^2}{(1 - R_2 Cs)(R_1 + R_2 + R_1 R_2 Cs)} \tag{5.1.47}$$

故在闭 RHS 上，$\omega(s)$ 具有一阶零点：

$$s_0 = \frac{1}{R_2 C}\left(1 + \frac{R_2}{R_1}\right)^{1/2} \tag{5.1.48}$$

s_0 位于 RHS 的实轴，因而是第Ⅰ类一阶尤拉传输零点。因为 $z(s)$ 在开 RHS 不

可能有极点，所以这样的零点只能是 $r(s)$ 在 RHS 的零点。

（2）图 5.1-6(b) 的 $z(s)$ 以及 $r(s)$、$\omega(s)$ 分别为

$$z(s) = \frac{R}{1+RCs} \tag{5.1.49}$$

$$r(s) = \frac{R}{1-R^2C^2s^2} \tag{5.1.50}$$

$$\omega(s) = \frac{1}{1-RCs} \tag{5.1.51}$$

于是求得唯一的一阶尤拉传输零点 $s_0 = \infty$，且 $z(s_0) = 0$，故 s_0 是第 II 类一阶尤拉传输零点。

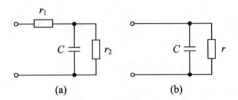

图 5.1-6　例 5.1.2 的阻抗

接下来，讨论任意负载阻抗与电阻性信号源的匹配问题，这是一类最简单，也是实际中常遇到的宽带匹配问题。尤拉通过对这一类问题的研究提出了以复数归一化理论为基础的新理论，给出了在负载传输零点处，负载阻抗与有界实反射系数的基本约束条件，并指出这些基本约束条件是实现双口匹配网络的必要与充分条件。这就是在这个领域内著名的尤拉定理。

在以下讨论中，假定信号源内阻抗 $z_1(s) = r_0$，负载阻抗 $z_2(s) = z_0(s)$ 是严格无源阻抗，$G(\omega^2)$ 是所要求的转换功率增益，通常可以表示为解析形式。再假定均衡器是互易的无耗双口网络。由于信号源是电阻性的，所以将注意力集中在端口 2。用 $r_0(s)$、$h(s)$、$A(s)$ 与 $B(s)$ 分别表示与负载阻抗 $z_0(s)$ 有关的函数，$\rho(s)$ 表示输出端口的有界实反射系数。

按照解析延拓理论，式(5.1.35)无耗双口网络的转换功率增益 $G(\omega^2)$ 与有界实反射系数 $\rho(j\omega)$ 之间，在整个 s 平面有以下关系式：

$$\rho(s)\rho(-s) = 1 - G(-s^2) \tag{5.1.52}$$

为了使 $\rho(s)$ 在闭 RHS 内解析，由 $\rho(s)\rho(-s)$ 决定 $\rho(s)$ 时，将 $\rho(s)\rho(-s)$ 在开 LHS 的极点归属于 $\rho(s)$。在分配 $\rho(s)\rho(-s)$ 零点时，按 $\rho(s)$ 是最小相移函数的原则，将 $\rho(s)\rho(-s)$ 开 LHS 的零点归属于 $\rho(s)$。$\rho(s)\rho(-s)$ 在实频率轴上没有极点，它的零点具有偶次阶，将这些零点平均分配给 $\rho(s)$ 和 $\rho(-s)$。

为了讨论方便，将与负载阻抗有关的函数重列如下：

$$r_1(s) = \frac{1}{2}\left[z_1(s) + z_1(-s)\right] = h(s)h(-s) \qquad (5.1.53)$$

$$\frac{h(s)}{h(-s)} = A(s)B(s) \qquad (5.1.54)$$

令

$$F(s) = 2r_1(s)A(s) \qquad (5.1.55)$$

为了研究在负载传输零点处，上述各函数与有界实反射系数 $\rho(s)$ 之间的约束条件，分别将 $\rho(s)$、$A(s)$ 和 $F(s)$ 在负载传输零点 $s_0 = \sigma_0 + j\omega_0$ 附近展开成罗朗级数，然后通过这些系数来表达它们的约束条件。

设 $\rho(s)$、$A(s)$ 和 $F(s)$ 的罗朗级数的表达式分别为

$$\rho(s) = \sum_{x=0}^{\infty} \rho_x \ (s - s_0)^x \qquad (5.1.56)$$

$$A(s) = \sum_{x=0}^{\infty} A_x \ (s - s_0)^x \qquad (5.1.57)$$

$$F(s) = \sum_{x=0}^{\infty} F_x \ (s - s_0)^x \qquad (5.1.58)$$

尤拉定理 给定任意严格无源阻抗 $z_1(s)$ 和从电阻性信号源到负载的转换功率增益 $G(\omega^2)$。$G(\omega^2)$ 所确定的有界实反射系数 $\rho(s)$ 能实现一个无耗双口网络的必要和充分条件是，在 $z_1(s)$ 的每一个 k 阶传输零点 s_0，根据它所属的类型，必须满足以下基本约束条件之一：

(1) 第 I 类传输零点：

$$A_x = \rho_x, \quad x = 0, 1, 2, \cdots, k-1 \qquad (5.1.59a)$$

(2) 第 II 类传输零点：

$$A_x = \rho_x, \quad x = 0, 1, 2, \cdots, k-1, \ \text{且} \frac{A_k - \rho_k}{F_{k+1}} \geqslant 0 \qquad (5.1.59b)$$

(3) 第 III 类传输零点：

$$A_x = \rho_x, \quad x = 0, 1, 2, \cdots, k-1, \ \text{且} \frac{A_{k-1} - \rho_{k-1}}{F_k} \geqslant 0, k \geqslant 2$$
$$(5.1.59c)$$

(4) 第 IV 类传输零点：

$$A_x = \rho_x, \quad x = 0, 1, 2, \cdots, k-1, \ \text{且} \frac{F_{k-1}}{A_k - \rho_k} \geqslant a_{-1} \qquad (5.1.59d)$$

式中，a_{-1} 是 $z_1(s)$ 在极点 $j\omega_0$ 处的留数。

若负载阻抗 $z_1(s)$ 和有界实反射系数 $\rho(s)$ 满足尤拉定理，那么可以由式 (5.1.37) 导出网络 N 的末端阻抗，即输出端的策动点阻抗为

$$Z_{22}(s) = \frac{F(s)}{A(s) - \rho(s)} - z_1(s) \qquad (5.1.60)$$

它是一个正实函数。根据达林顿理论，任何正实函数都可以实现为终端接 1 Ω 电阻的无耗双口网络的策动点阻抗。当终端的电阻不是 1 Ω 时，可以在网络与实际终端之间插入一个理想变压器。

例 5.1.3 设计一个无耗均衡器，使图 5.1-7 所示的负载与内阻为 0.5 Ω 的信号源相匹配，要求获得具有最大直流增益的三阶 Butterworth 变换器功率增益，截止角频率 $\omega_c = 1$ rad/s。

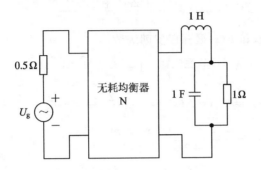

图 5.1-7 例 5.1.3 电路

解 给定的阻抗 $z_1(s)$ 和转换功率增益 $G(\omega^2)$ 分别为

$$z_1(s) = s + \frac{1}{s+1} = \frac{s^2 + s + 1}{s+1} \qquad (5.1.61)$$

和

$$G(\omega^2) = \frac{k}{1 + \omega^2} \qquad (5.1.62)$$

式中，k 是小于或等于 1 的常数。为了应用尤拉定理，首先写出由负载阻抗决定的一些函数：

$$r_1(s) = \frac{1}{2}[z_1(s) + z_1(-s)] = \frac{1}{1 - s^2} \qquad (5.1.63)$$

$$\omega(s) = \frac{r_1(s)}{z_1(s)} = \frac{1}{(1-s)(s^2 + s + 1)} \qquad (5.1.64)$$

由式(5.1.64)可见，$z_1(s)$ 在无穷远处有三阶零点，在零点处的负载阻抗值 $|z_1(j\omega_0)| = \infty$，所以是第Ⅳ类三阶尤拉传输零点。

现在根据 $z_1(-s)$ 开 RHS 的极点来定义全通函数 $A(s)$，由式(5.1.61)得

$$z_1(-s) = \frac{s^2 - s + 1}{-s + 1} \qquad (5.1.65)$$

它在开 RHS 的极点为 $s = 1$，故全通函数为

$$A(s) = \frac{s-1}{s+1} \tag{5.1.66}$$

有界实反射系数 $\rho(s)$ 由转换功率增益决定，由式(5.1.62)和式(5.1.35)可得

$$\rho(s)\rho(-s) = 1 - G(-s^2) = 1 - \frac{K}{1-s^6} = \delta^6 \frac{1-(\delta/\sigma)^6}{1-s^6} \tag{5.1.67}$$

式中，

$$\delta = (1-K)^{1/6} \tag{5.1.68}$$

现在按最小相移的原则分解 $\rho(s)\rho(-s)$，得

$$\rho(s) = \frac{s^3 + 2\delta s^2 + 2\delta^2 s + \delta^3}{s^3 + 2s^2 + 2s + 1} \tag{5.1.69}$$

分别将 $\rho(s)$、$A(s)$ 和 $F(s)$ 展开成罗朗级数：

$$A(s) = \frac{s-1}{s+1} = 1 - \frac{2}{s} + \frac{2}{s^2} - \frac{2}{s^3} + \cdots \tag{5.1.70a}$$

$$F(s) = 2r_1(s)A(s) = -\frac{2}{(1+s)^2} = -\frac{2}{s^2} + \frac{4}{s^3} - \cdots \tag{5.1.70b}$$

$$\rho(s) = \frac{s^3 + 2\delta s^2 + 2\delta^2 s + \delta^3}{s^3 + 2s^2 + 2s + 1}$$

$$= 1 + \frac{2(\delta-1)}{s} + \frac{2(\delta-1)^2}{s^2} + \frac{(\delta-1)(\delta^2 - 3\delta + 1)}{s^3} + \cdots$$

$$\tag{5.1.70c}$$

尤拉定理对第Ⅳ类三阶传输零点的基本约束条件如下：

$$A_0 = \rho_0 \tag{5.1.71a}$$

$$A_1 = \rho_1 \tag{5.1.71b}$$

$$A_2 = \rho_2 \tag{5.1.71c}$$

和

$$\frac{F_2}{A_3 - \rho_3} \geqslant a_{-1} \tag{5.1.71d}$$

现将式(5.1.70)中有用的系数罗列如下：

$$A_0 = 1,\ A_1 = -2,\ A_2 = 2,\ A_3 = -2$$

$$F_2 = -2,\ \rho_0 = 1,\ \rho_1 = 2(\delta-1),\ \rho_2 = 2(\delta-1)^2$$

$$\rho_3 = (\delta-1)(\delta^2 - 3\delta + 1)$$

则可解得有界实反射系数为

$$\rho(s) = \frac{s^3}{s^3 + 2s^2 + 2s + 1} \tag{5.1.72}$$

从端口 2 看到的策动点阻抗为

$$Z_{22}(s) = \frac{F(s)}{A(s) - \rho(s)} - z_1(s) = \frac{s^2 + s + 1}{s+1} \tag{5.1.73}$$

将 $Z_{22}(s)$ 作连分式展开:

$$Z_{22}(s) = \frac{s^2 + s + 1}{s + 1} = s + \frac{1}{s + 1} \qquad (5.1.74)$$

由式(5.1.74)实现的终接电阻为 1 Ω 的无耗梯形网络如图 5.1-8(a)所示。考虑到信号源内阻为 0.5 Ω,需要在信号源与匹配网络之间插入一个匝比为 $N = \sqrt{0.5} : 1$ 的理想变压器,如图 5.1-8(b)所示。

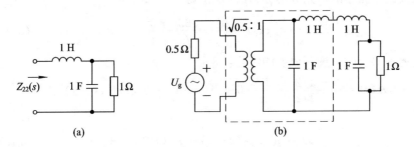

图 5.1-8 例 5.1.3 所实现的匹配网络

例 5.1.4 设负载阻抗 $z_1(s)$ 如图 5.1-9 所示,其中 $r_1 = 1$ Ω,$r_2 = 3$ Ω,$C = 2/3$ F。试设计一个无耗均衡器,使 $z_1(s)$ 与内阻为 1 Ω 的信号源相匹配,并获得二阶巴特沃斯转换功率增益特性。截止频率 $\omega_c = 1$ rad/s。

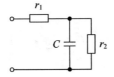

图 5.1-9 例 5.1.4 的负载 $z_1(s)$

解 给定的阻抗 $z_1(s)$ 和转换功率增益 $G(\omega^2)$ 分别为

$$z_1(s) = \frac{2s + 4}{2s + 1} \qquad (5.1.75)$$

和

$$G(\omega^2) = \frac{K}{1 + \omega^4} \qquad (5.1.76)$$

式中,K 是小于或等于 1 的常数。

$$r_1(s) = \frac{4(s^2 - 1)}{(2s + 1)(2s - 1)} \qquad (5.1.77)$$

$$\omega(s) = \frac{r_1(s)}{z_1(s)} = \frac{4(s + 1)(s - 1)}{(2s - 1)(2s + 4)} \qquad (5.1.78)$$

可见,$s_0 = 1$ 是 $z_1(s)$ 的第 I 类一阶尤拉传输零点。

$$A(s) = \frac{s - 1/2}{s + 1/2} \qquad (5.1.79)$$

$$\rho(s)\rho(-s) = 1 - G(-s^2) = 1 - \frac{K}{1 + s^4} = \delta^4 \frac{1 + (s/\delta)^4}{1 + s^4} \qquad (5.1.80)$$

式中,

$$\delta = (1 - K)^{1/4}$$

现在按最小相移的原则分解 $\rho(s)\rho(-s)$,得

$$\rho(s) = \frac{s^2 + \sqrt{2}\delta s + \delta^2}{s^3 + \sqrt{2}s + 1} \qquad (5.1.81)$$

分别将 $\rho(s)$、$A(s)$ 展开成罗朗级数:

$$A(s) = \frac{s - 1/2}{s + 1/2} = \frac{1}{3} + 0.444(s - 1) - 0.5926\,(s - 1)^2 + \cdots$$

$$(5.1.82)$$

$$\rho(s) = \rho_0 + \rho_1(s - 1) + \rho_2\,(s - 1)^2 + \cdots \qquad (5.1.83a)$$

其中,

$$\rho_0 = \frac{1 + \sqrt{2}\delta + \delta^2}{3.4142} \qquad (5.1.83b)$$

尤拉定理对第 I 类一阶传输零点的基本约束条件如下:

$$A_0 = \rho_0$$

即

$$\frac{1 + \sqrt{2}\delta + \delta^2}{3.4142} = \frac{1}{3}$$

由此得方程式:

$$\delta^2 + \sqrt{2}\delta - 0.138 = 0$$

δ 的解为 0.09164 和 -1.506。舍去不合理的解,得 $\delta = 0.09164$,故

$$K = 1 - \delta^4 = 0.999929 \qquad (5.1.84)$$

则可解得有界实反射系数为

$$\rho(s) = \frac{s^2 + 0.1296s + 0.008398}{s^2 + \sqrt{2}s + 1} \qquad (5.1.85)$$

从端口 2 看到的策动点阻抗为

$$Z_{22}(s) = \frac{2r_1(s)A(s)}{A(s) - \rho(s)} - z_1(s) = 704\,\frac{s^2 + 1.77s + 0.992}{s + 1.77} \qquad (5.1.86)$$

将 $Z_{22}(s)$ 作连分式展开:

$$Z_{22}(s) = 704s + \cfrac{1}{0.00143s + \cfrac{1}{395}} \qquad (5.1.87)$$

实现 $Z_{22}(s)$ 的梯形网络如图 5.1-10(a)所示。最后的均衡器电路如图 5.1-10(b)所示,其中理想变压器的匝比为

$$N = \sqrt{\frac{1}{395}} = \frac{1}{19.87} \tag{5.1.88}$$

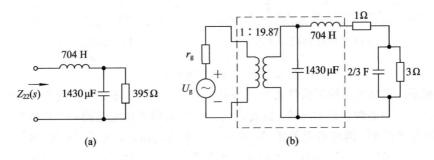

图 5.1-10 例 5.1.4 所实现的匹配网络

5.1.3 双匹配网络的物理实现

尤拉定理表明:在给定的转换功率增益特性 $0 \leqslant G(\omega^2) \leqslant 1$ 的情况下,如果负载端口的有界实反射系数 $\rho_l(s)$ 满足负载 $z_l(s)$ 的尤拉传输零点所加的约束条件,则负载口的策动点阻抗 $Z_{22}(s)$(见图 5.1-11)必然是正实的。匹配网络或均衡器 E 在物理上就一定能够实现。

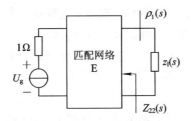

图 5.1-11 单匹配网络

对于图 5.1-1 所示双匹配系统来说,由于电源阻抗是复阻抗,均衡器 E 的两个端口都受到约束,即它的电源和负载端口的有界实反射系数 $\rho_g(s)$ 和 $\rho_l(s)$ 分别受到 $z_g(s)$ 和 $z_l(s)$ 的尤拉零点的约束。在这些约束下,均衡器 E 能否实现以及其实现的条件是什么,这是在双匹配系统的综合与设计中首先遇到的问题。

下面研究均衡器 E 在物理上可实现的条件。为了不使问题过于复杂,假设 G、L 网络没有 RHS 内公共零点。首先将图 5.1-1(b)的网络系统绘成图 5.1-12(a)的等效系统,它类似于图 5.1-11 单匹配系统。根据尤拉定理,在

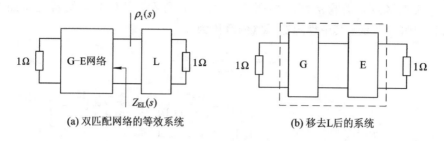

(a) 双匹配网络的等效系统　　　　　　(b) 移去L后的系统

图 5.1-12　双匹配网络的等效

负载端口满足尤拉约束条件的反射系数 $\rho_l(s)$ 必然是物理上可实现的。相应的阻抗 $Z_{EL}(s)$ 必然是正实函数。因此，由 $Z_{EL}(s)$ 可综合出左边的 G-E 网络。在双匹配系统中，网络 G 是给定的，由此而产生的问题是，从 $Z_{EL}(s)$ 综合的 G-E 网络中分出给定的网络 G 是否可能？或者说在什么条件下，从所得 G-E 网络分出网络 G 后，余下的网络 E 是物理上可实现的？为了讨论这个问题，转向图 5.1-12(b)，它是在图 5.1-12(a) 中将网络 L 移去后，在负载口只接 1 Ω 电阻所形成的网络系统。注意，因为在电源口对 $\rho_g(s)$ 的尤拉约束条件只与网络 G 的参数有关，所以负载网络 L 的存在与否，并不影响原网络系统 5.1-1(b) 电源口对 $\rho_g(s)$ 的尤拉约束条件。从电源口来看，图 5.1-12(b) 是典型的单匹配系统。根据尤拉定理，在电源口的有界实反射系数 $\rho_g(s)$ 如果满足尤拉约束条件，则 $\rho_g(s)$ 必然是物理上可实现的。对应的阻抗 $Z_{EL}(s)$ 必然是正实函数。因而，网络 E 必然是物理上可实现的。而且，尤拉约束条件是 $\rho_g(s)$ 和 $\rho_l(s)$ 可实现性的必要且充分的条件。这就是说，如果 $\rho_g(s)$ 和 $\rho_l(s)$ 不满足尤拉约束条件，它们就是不可实现的。因此，从 $Z_{EL}(s)$ 综合出来的网络分出给定的网络 G，并使余下的均衡器 E 可实现的必要且充分的条件是 $\rho_g(s)$ 满足尤拉约束条件。

　　综上所述，可以得出结论：对于图 5.1-1 的双匹配网络系统，在给定转换功率 $0 \leqslant G(\omega^2) \leqslant 1$ 的情况下，网络 E 在物理上可实现的必要且充分的条件是，在电源口和负载口的有界实反射系数 $\rho_g(s)$ 和 $\rho_l(s)$ 同时满足各自的尤拉约束条件。

5.2　具有简单传输零点的双匹配网络

　　本节讨论电源阻抗 $z_g(s)$ 和负载阻抗 $z_l(s)$ 只有 jω 轴零点的双匹配系统。

　　因为 $z_g(s)$ 和 $z_l(s)$ 没有 RHS 零点，在式(5.1.8)中，RHS 零点 $s_{gj}=0$，因而全通函数 $B_g(s)=B_l(s)=\pm 1$，于是式(5.1.7)变成

$$S_{11}(s)=B_g(s)\rho(s)=\pm\rho_g(s) \tag{5.2.1a}$$

$$S_{22}(s) = B_1(s)\rho(s) = \pm \rho_1(s) \qquad (5.2.1b)$$

式中,"±"号的确定见后面的讨论。传输零点对 $\rho(s)$ 的尤拉约束条件,也同样施加于网络 G-E-L 的单位归一化反射系数 $S_{ii}(s)(i=1,2)$ 上。这样,就可以直接在图 5.1-1(b) 的端口 1 和 2 上研究 $z_g(s)$ 和 $z_1(s)$ 的尤拉传输零点对 $S_{ii}(s)$ 所施加的约束条件。然后,由 $S_{ii}(s)$ 所对应的策动点阻抗 $Z_{ii}(s)$ 来综合双匹配网络系统。因为处理的网络具有单位电阻终端,所以可利用网络散射矩阵的别列维奇表示法,使网络的综合得到简化。

从上一节的讨论可知,图 5.1-1 的双匹配网络系统可绘成图 5.1-12(a) 的等效单匹配系统,只要它的 $\rho_g(s)$ 和 $\rho_1(s)$ 同时满足各自的尤拉约束条件,就可按照单匹配网络的设计程序将双匹配均衡器 E 综合出来。因此,在 $z_g(s)$ 和 $z_1(s)$ 具有 $j\omega$ 轴传输零点的情况下,图 5.1-1 双匹配网络的基本设计方法如下:给定增益函数后,在双匹配系统的电源口和负载口分别求出对 $\rho_g(s) = \pm S_{11}(s)$ 和 $\rho_1(s) = \pm S_{22}(s)$ 的尤拉约束条件,如果这些条件有解,则可确定物理上可实现的 $S_{11}(s)$ 或 $S_{22}(s)$,进而确定系统端口的策动点阻抗 $Z_{11}(s)$ 或 $Z_{22}(s)(Z_{EG}(s)$ 或 $Z_{EL}(s))$,并由此进行网络综合,然后从所得出的网络分出电源网络 G 和负载网络 L,就可求得所要求的均衡器 E。

5.2.1 系统的散射特性和增益函数

图 5.1-12(a) 中 G-E-L 网络的两个端口连接的都是单位电阻,它的散射矩阵是单位归一化矩阵 $\boldsymbol{S} = [S_{ij}(s)]$。又由于 G-E-L 网络是由无耗互易网络组成的,因此它的单位归一化散射参量可用别列维奇表达式来表示:

$$S_{21}(s) = \pm \frac{f(s)}{g(s)} \qquad (5.2.2a)$$

$$S_{11}(s) = \pm \frac{h_1(s)}{g(s)} \qquad (5.2.2b)$$

$$S_{22}(s) = \mp \frac{h_1(-s)}{g(s)}, \ f(s) \text{ 为偶函数} \qquad (5.2.2c)$$

$$S_{22}(s) = \pm \frac{h_1(-s)}{g(s)}, \ f(s) \text{ 为奇函数} \qquad (5.2.2d)$$

由上式可见,已知 $S_{11}(s)$ 就可确定 $S_{22}(s)$。在后面确定均衡器两个端口的约束条件时,要用到这一关系。

散射参量 $S_{ii}(s)$ 前的"±"号,可由它们所对应网络的第一个元件的电抗性质来确定。例如在图 5.2-1 中,网络的两个散射参量可直接求得:

$$S_{11}(s) = + \frac{s^2}{s^2 + s + 2}, \qquad S_{22}(s) = - \frac{s^2}{s^2 + s + 2} \qquad (5.2.3)$$

可见，$S_{11}(s)$取"+"号，而$S_{22}(s)$取"-"号，这是因为$S_{11}(s)$所对应的策动点阻抗$Z_{11}(s)=\dfrac{1+S_{11}(s)}{1-S_{11}(s)}$，为了使它所综合出来的网络的第一个元件是电感，$Z(s)$的分子多项式应比分母多项式高一次，因此$S_{11}(s)$应取"+"号；反之，$S_{22}(s)$面对的第一个元件是电容，则它应取"-"号。

在双匹配理论中，转换增益特性通常采用 Butterworth 和 Chebyshev 等逼近函数。虽然许多实例指出这些增益逼近函数都不是"最佳"的，但对某一特定的电源和负载阻抗而言，如何选择所需的"最佳"增益逼近函数较为困难，因此，只讨论 Butterwoth 和 Chebyshev 增益函数的综合。

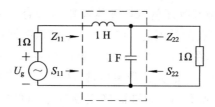

图 5.2-1 双口网络的散射参量

n 阶 Butterworth 特性的表示式为

$$G(\omega^2) = |S_{21}(j\omega)|^2 = 1 - |S_{11}(j\omega)|^2 = \frac{K_n}{1+(\omega/\omega_c)^{2n}} \qquad (5.2.4)$$

式中，K_n 是直流增益，$0 \leqslant K_n \leqslant 1$。

经过解析延拓后，式(5.2.4)变为

$$S_{11}(y)S_{11}(-y) = S_{22}(y)S_{22}(-y) = \delta^{2n} \frac{1+(-1)^n x^{2n}}{1+(-1)^n y^{2n}} \qquad (5.2.5a)$$

式中，

$$\delta = (1-K_n)^{1/2n} \qquad (5.2.5b)$$

$$y = \frac{s}{\omega_c}, \qquad x = \frac{y}{\delta} \qquad (5.2.5c)$$

式(5.2.5a)的最小相移分解式为

$$\hat{S}_{11}(y) = \pm \delta^n \frac{q(x)}{q(y)} = \pm \frac{h_1(\hat{s})}{g(\hat{s})} \qquad (5.2.6a)$$

$$\hat{S}_{22}(y) = \pm \delta^n \frac{q(-x)}{q(y)} = \pm \frac{h_1(-\hat{s})}{g(\hat{s})} \qquad (5.2.6b)$$

式中，

$$q(s) = 1 + a_1 s + \cdots + a_{n-1} s^{n-1} + s^n \qquad (5.2.6c)$$

是赫维茨多项式，系数 a_{n-1} 的计算式为

$$a_{n-1} = \frac{1}{\sin(\pi/2n)} \qquad (5.2.6d)$$

$$\frac{a_{k+1}}{a_k} = \frac{\cos(k\pi/2n)}{\sin[(k+1)\pi/2n]}, \qquad k = 0, 1, 2, \cdots, (n-1) \qquad (5.2.6e)$$

在图 5.2 - 1 中，端口 1 和 2 的阻抗分别为

$$Z_{11}(s) = \frac{1 + S_{11}(s)}{1 - S_{11}(s)} \qquad (5.2.7a)$$

$$Z_{22}(s) = \frac{1 + S_{22}(s)}{1 - S_{22}(s)} \qquad (5.2.7b)$$

在计算 $Z_{11}(s)$ 和 $Z_{22}(s)$ 时，注意 $S_{11}(s)$ 和 $S_{22}(s)$ 所应具有的"±"号，如前所述。

n 阶 Chebyshev 函数的表示式为

$$G(\omega^2) = \frac{K_n}{1 + \varepsilon^2 T_n^2(\omega/\omega_c)}, \qquad 0 \leqslant K_n \leqslant 1 \qquad (5.2.8a)$$

式中，$T_n(\omega)$ 是第一类 n 阶 Chebyshev 多项式，ω_c 是网络的截止角频率，而等波纹系数 ε 可由下式计算：

$$10\log(\varepsilon^2 + 1) = 通带内纹波分贝数 \qquad (5.2.8b)$$

增益函数式(5.2.8a)所对应的最小相移反射系数$\left(宗量 \ y = \frac{s}{\omega_c}\right)$为

$$\hat{S}_{11}(y) = \frac{\hat{p}(y)}{p(y)}, \qquad \hat{S}_{22}(y) = \pm\frac{\hat{p}(-y)}{p(y)} \qquad (5.2.9a)$$

式中，

$$p(y) = y^n + b_{n-1}y^{n-1} + \cdots + b_1 y + b_0 \qquad (5.2.9b)$$

$$\hat{p}(y) = y^n + \hat{b}_{n-1}y^{n-1} + \cdots + \hat{b}_1 y + \hat{b}_0 \qquad (5.2.9c)$$

式中多项式 $p(y)$ 的系数用下列公式计算：

$$b_{n-1} = \frac{\sinh\alpha}{\sin\gamma_1}, \qquad \gamma_1 = \frac{\pi}{2n} \qquad (5.2.10a)$$

$$b_{n-2} = \frac{n}{4} + \frac{\sinh^2\alpha\cos\gamma_1}{\sin2\gamma_1\sin\gamma_1} \qquad (5.2.10b)$$

$$b_{n-2} = \frac{\sinh\alpha}{\sin\gamma_1}\left(\frac{n}{4} - \frac{2\cos^3\gamma_1\sin^3\gamma}{\sin2\gamma_1\sin3\gamma_1}\right) + \frac{\sinh^3\alpha\cos\gamma_1\cos2\gamma_1}{\sin\gamma_1\sin2\gamma_1\sin3\gamma_1} \qquad (5.2.10c)$$

$$b_0 = \begin{cases} 2^{1-n}\sinh na, & n \text{ 为奇数} \\ 2^{1-n}\cosh na, & n \text{ 为偶数} \end{cases} \qquad (5.2.10d)$$

在式(5.2.10)中，用 $\hat{a}$ 替代 a，即可求得 $\hat{p}(y)$ 的系数 $\hat{b}_{n-1}$，$\hat{b}_{n-2}$，$\hat{b}_{n-3}$，$\cdots$，$\hat{b}_0$。而 α 和 $\hat{a}$ 计算式为

$$\alpha = \frac{1}{n}\sinh^{-1}\frac{1}{\varepsilon}, \quad \hat{\alpha} = \frac{1}{n}\sinh\frac{1}{\hat{\varepsilon}} \tag{5.2.10e}$$

$$\hat{\varepsilon} = \varepsilon\left[1 - K_n\right]^{-1/2} \tag{5.2.10f}$$

5.2.2　全通因子

前面回顾了 Butterworth 和 Chebyshev 函数的综合问题,从式(5.2.4)的 Butterworth 函数可看出,待定参数只有一个直流增益 K_n,而在式(5.2.8a)的 Chebyshev 函数中,待定参数是 K_n 和 ε,有时 ε 也是给定的。从尤拉理论可知,对于第 Ⅰ、Ⅲ 类 k 阶尤拉零点,各有 k 个关系,对于第 Ⅱ、Ⅳ 类 k 阶零点,各有 $k+1$ 个关系。如果电源网络 G 和负载网络 L 的零点 $k \geqslant 1$,G-E-L 网络的零点阶数至少为 2。一般来说,负载电源阻抗零点阶数较高时,在双匹配系统中,传输零点产生的约束条件数往往超过待定参数。因此,有必要在 $S_{21}(s)$ 中插入全通因子以满足约束条件。插入的全通因子是任意的实全通函数,它的表示式如下:

$$\eta(s) = \prod_{i=1}^{\mu}\left(\frac{s - \lambda_i}{s + \lambda_i}\right)^{ki}, \quad \mathrm{Re}\lambda_i > 0 \tag{5.2.11}$$

$\eta(s)$ 具有右半 s 平面的零点,λ_i 由尤拉传输零点约束条件所确定,它是待综合匹配网络 E 的零点。在满足约束的条件下,可选择 λ_i 之值,使直流增益 K_n 为最大。在双匹配系统中,还可以通过引入全通因子来改善 Chebyshev 响应的等波纹系数。

由式(5.2.11)可直接得出下列等式:

$$\eta(s)\eta(-s) = 1 \tag{5.2.12a}$$

令

$$\beta_i(s) = \frac{s - \lambda_1}{s + \lambda_1}, \quad \mathrm{Re}\lambda_i > 0 \tag{5.2.12b}$$

可以导出下列关于在散射参数中分配全通因子的引理:

设 $S_{21}(s)$ 具有全通因子 $\beta_i^k(s)$,它的定义见式(5.2.12b),则 $S_{11}(s)$ 必然具有因子 $\beta_i^{k_1}(s)$,$S_{22}(s)$ 必然具有因子 $\beta_i^{k_2}(s)$,且 $k_1 + k_2 = 2k$。

应用散射参量的幺正性和式(5.2.12a)就可以导出上述结论。

这个引理说明,如果在 $S_{11}(s)$ 中引入一个全通因子 $\beta_i^{k_1}(s)$,而在 $S_{22}(s)$ 中引入一个 $\beta_i^{k_2}(s)$,那么在 $S_{21}(s)$ 中应当引入一个全通因子 $\beta_i^k(s)$,其中,$k = (k_1 + k_2)/2$。

根据上述讨论,给出网络 G 和 L 只具有 $j\omega$ 轴传输零点的双匹配系统设计步骤:

（1）选定转换增益函数和增益函数的阶数 n：

$$G(\omega^2, \alpha_1, \alpha_2, \cdots) \qquad (5.2.13)$$

式中，α_i 是增益函数的待定参数。例如，如果选用 Butterworth 响应特性，则待定参数是直流增益 K_n；如果选用 Chebyshev 响应特性，则直流增益 K_n 和等波纹系数 ε 是待定参数。

（2）确定最小相移反射系数 $\hat{S}_{11}(s)$ 和 $\hat{S}_{22}(s)$。对于 Butterworth 响应，$\hat{S}_{11}(s)$ 和 $\hat{S}_{22}(s)$ 由式(5.2.6)确定；对于 Chebyshev 响应，$\hat{S}_{11}(s)$ 和 $\hat{S}_{22}(s)$ 由式 (5.2.9)确定。

（3）插入全通因子，构成有界实反射系数 $\rho_g(s)$ 和 $\rho_l(s)$（或 $S_{11}(s)$ 和 $S_{22}(s)$）。

$$\rho_g(s) = \pm\, \eta_g(s)\, \hat{S}_{11}(s) = \pm\, \eta_g(s)\, \hat{\rho}_g(s) \qquad (5.2.14a)$$

$$\rho_l(s) = \pm\, \eta_l(s)\, \hat{S}_{22}(s) = \pm\, \eta_l(s)\, \hat{\rho}_l(s) \qquad (5.2.14b)$$

式中，$\eta_g(s)$ 和 $\eta_l(s)$ 是任意的实全通因子。

$$\eta(s) = \prod_{i=1}^{\mu}\left(\frac{s-\lambda_i}{s+\lambda_i}\right)^{k_i}, \qquad \mathrm{Re}\lambda_i > 0$$

通常，$\eta_g(s)$ 和 $\eta_l(s)$ 是相同的全通因子。实际上常用最低阶的全通因子，即取 $k_i = 1$ 或 $k_i = 2$。

（4）求得尤拉零点对 $\rho_g(s)$ 和 $\rho_l(s)$ 的基本约束条件，并确定 $\rho_g(s)$ 和 $\rho_l(s)$ 的表达式。

由给定的电源阻抗 $z_g(s)$ 和负载阻抗 $z_l(s)$ 可确定它们的传输零点类型，然后按单匹配设计步骤得出对 $\rho_g(s)$ 和 $\rho_l(s)$ 的基本约束条件。

根据 $z_g(s)$ 和 $z_l(s)$ 的零点类型和阶数，可求得对 $\rho_g(s)$ 和 $\rho_l(s)$（或 $S_{11}(s)$ 和 $S_{22}(s)$）的约束条件，将它们求解后，就可确定所要求的 $\rho_g(s)$ 和 $\rho_l(s)$。如果约束条件不能同时得到满足，说明满足要求的均衡器 E 不存在，此时可改变阶数 n 或另选增益函数进行试探，如仍不满足，则设计不成功。

（5）确定双匹配网络的策动点阻抗：

$$Z_{11}(s) = \frac{1 + S_{11}(s)}{1 - S_{11}(s)} = \frac{1 + \rho_g(s)}{1 - \rho_g(s)} \qquad (5.2.15a)$$

或

$$Z_{22}(s) = \frac{1 + S_{22}(s)}{1 - S_{22}(s)} = \frac{1 + \rho_l(s)}{1 - \rho_l(s)} \qquad (5.2.15b)$$

根据上两式之一就可以将 G-E-L 网络综合出来，并使系统满足给定的增益特性。需用理想变压器来变换终端阻抗以达到实际的阻抗水平。

也可以由下式计算均衡器 E 在端口 G 或 L 的阻抗：

$$Z_{Ea} = \frac{F_a(s)}{A_a(s) - \rho_a(s)} - z_a(s) \qquad (5.2.16)$$

式中，$z_a(s)$ 的"$\pm$"号由增益带宽约束条件确定。

然后用式(5.2.16)综合网络 E-L 或 E-G。

5.2.3 具有简单传输零点的双匹配系统的综合

本节举例说明以上所述设计方法的应用。

例 5.2.1 设计一个无耗双口网络 E，使图 5.2-2 所示的负载阻抗与电源内阻抗相匹配，并实现具有最大直流增益的二阶 Butterworth 转换功率增益(归一化截止角频率 $\omega_c = 1$)，然后验算所实现的网络的转换功率增益。

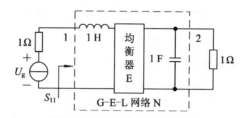

图 5.2-2 双匹配网络

解 (1) 由式(5.2.4)和 $n = 2$，$\omega_c = 1$，有

$$G(\omega^2) = \frac{K_2}{1 + \omega^4}, \qquad 0 \leqslant K_2 \leqslant 1$$

(2) 由式(5.2.6)计算端口 1 和端口 2 的最小相移反射系数：

$$\hat{S}_{11}(s) = \pm \delta^2 \frac{q(s/\delta)}{q(s)} \qquad (5.2.17a)$$

$$\hat{S}_{22}(s) = \pm \delta^2 \frac{q(-s/\delta)}{q(s)} \qquad (5.2.17b)$$

式中，

$$\delta = [1 - K_2]^{1/4} \qquad (5.2.17c)$$

$$q(s) = 1 + \sqrt{2}s + s^2 \qquad (5.2.17d)$$

(3) 插入全通因子，求得有界实反射系数：

$$\rho_g(s) = \pm \eta(s)\,\hat{S}_{11}(s) = \pm \left(\frac{s - \lambda_1}{s + \lambda_1}\right) \delta^2 \frac{q(s/\delta)}{q(s)} \qquad (5.2.18a)$$

$$\rho_1(s) = \pm \eta(s)\,\hat{S}_{22}(s) = \pm \left(\frac{s - \lambda_1}{s + \lambda_1}\right) \delta^2 \frac{q(-s/\delta)}{q(s)} \qquad (5.2.18b)$$

(4) 求电源阻抗 $z_g(s)$ 和负载阻抗 $z_1(s)$ 的尤拉零点，及其对有界实反射系数 $\rho(s)$ 的约束条件。

① 在电源端口的基本约束条件。

因为

$$z_g(s) = 1 + s, \quad r_g(s) = \frac{1}{2}[z_g(s) + z_g(-s)] = 1$$

$$A_g(s) = -1, \quad F_g(s) = 2r_g(s)A_g(s) = -2$$

$$\omega_g(s) = \frac{r_g(s)}{z_g(s)} = \frac{1}{1+s} \tag{5.2.19}$$

由式(5.2.19)可确定，在 $s_0 = \infty$ 处有一阶传输零点，因为 $z_g(s_0) = \infty$，因此 s_0 是第Ⅳ类尤拉传输零点且 $k=1$。其约束条件由上一节设计步骤(4)得出：

$$A_{g0} = \rho_{g0}, \quad \frac{F_{g0}}{A_{g1} - \rho_{g1}} \geqslant \alpha_{-1} = L_g = 1 \tag{5.2.20}$$

从 $A(s)$ 和 $F(s)$ 的罗朗级数展开可求得

$$A_{g0} = -1, \quad A_{g1} = 0, \quad F_{g0} = -2, \quad F_{g1} = 0 \tag{5.2.21a}$$

此外有

$$\pm \rho_g(s) = \frac{\eta(s)\delta^2 q(s/\delta)}{q(s)} = 1 + \frac{\eta_1 + \hat{\rho}_{g1}}{s} + \cdots$$

式中，

$$\eta_1 = -2\lambda_1, \quad \hat{\rho}_{g1} = -\frac{1-\delta}{\sin\pi/4} \tag{5.2.21b}$$

因为 $A_{g0} = -1$，$\rho_{g0} = 1$，所以 $\rho_g(s)$ 需取负号。由式(5.2.20)和式(5.2.21)可求得电源口的基本约束条件为

$$\rho_{g1} = 2\lambda_1 + \sqrt{2}[1 - (1-K_2)^{1/4}] \leqslant \frac{2}{L_g} = 2 \tag{5.2.22}$$

② 在负载端口的基本约束条件。

一般并联 RC 负载的基本关系式为

$$z_1(s) = \frac{1/C_1}{s + \tau}, \quad \tau = \frac{1}{R_1 C_1} \quad (\text{在本例中 } \tau = 1)$$

$$A_1(s) = \frac{s - \tau}{s + \tau}, \quad F_1(s) = \frac{-2\tau/C_1}{s^2 - \tau^2}, \quad \omega(s) = -\frac{\tau}{s - \tau}$$

由上式可见，负载网络在 $s_0 = \infty$ 上具有一阶传输零点。因为 $z_1(s_0) = 0$，所以它属于第Ⅱ类尤拉传输零点，且 $k=1$。其约束条件为

$$A_{10} = \rho_{10}, \quad \frac{A_{11} - \rho_{11}}{F_{12}} \geqslant 0 \tag{5.2.23a}$$

从 $A_1(s)$、$F_1(s)$ 和 $\pm\rho_1(s) = \eta(s)\hat{S}_{22}(s)$ 的罗朗级数展开式可求得

$$A_{10} = \rho_{10} = 1, \quad A_{11} = -2\tau, \quad F_{12} = -2\tau \tag{5.2.23b}$$

$$\rho_{11} = -2\lambda_1 - \frac{1+\delta}{\sin\pi/4} = -2\lambda_1 - \sqrt{2}[1+(1-K_2)^{1/4}] \qquad (5.2.23c)$$

因为 $A_{10} = \rho_{10} = 1$，所以 $\rho_1(s)$ 取"+"号。由此可求得负载口的基本约束条件为

$$-\rho_{11} = 2\lambda_1 + \sqrt{2}[1+(1-K_2)^{1/4}] \leqslant \frac{2}{C_1R_1} = 2 \qquad (5.2.24)$$

式(5.2.22)和式(5.2.24)就是网络 E 的基本约束条件，它们的解不是唯一的。例如，在两式都取等号的情况下，其解为 $\lambda_1 = 0.293$，$K_2 = 1$；在两式都是不等式的情况下，其解为：① $\lambda_1 = 0$，$K_2 = 1$；② $\lambda_1 < 0.293$，$K_2 = 1$。不同的解对应不同的网络 E 的拓扑。为了使网络 E 的拓扑最简单，选用其中最简单的一组解，即 $\lambda_1 = 0$，$K_2 = 1$。它不需引入全通因子，又可使直流增益达到最大。由式(5.2.17)和式(5.2.18)得到

$$\hat{\rho}_g(s) = \hat{S}_{11}(s) = \frac{s^2}{s^2 + \sqrt{2}s + 1} \qquad (5.2.25)$$

(5) 求图 5.2-3 端口 1 的策动点阻抗 $Z_{11}(s)$，并进行网络综合。

$$Z_{11}(s) = \frac{1+\hat{\rho}_g(s)}{1-\hat{\rho}_g(s)} = \frac{2s^2+\sqrt{2}s+1}{\sqrt{2}} = \sqrt{2}s + \frac{1}{\sqrt{2}s+1} \qquad (5.2.26)$$

将 $Z_{11}(s)$ 展开成连分式，就可综合出合成网络 G-E-L 的参量 $L = \sqrt{2}$H 和 $C = \sqrt{2}$F。从中抽出负载电容和电源电感，就可得出均衡网络 E 的电感 $L_E = \sqrt{2} - 1 = 0.414$ H 和电容 $C_E = \sqrt{2} - 1 = 0.414$ F，如图 5.2-3 所示。

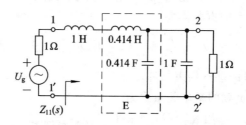

图 5.2-3　例 5.2.1 所要求的均衡网络

由此可看出，当 $\rho_g(s)$ 和 $\rho_1(s)$ 同时满足各自的尤拉约束条件时，网络 E 是物理上可实现的，从而保证合成网络 G-E-L 是可以分开的。关于这一点再作一些说明。以 $\lambda_1 = 0$，$K_2 = 1$ 代入式(5.2.22)和式(5.2.24)，可将两个端口的基本约束条件表示为

$$L_g \leqslant \sqrt{2} = L \qquad (5.2.27a)$$

$$C_1 \leqslant \sqrt{2} = C \qquad (5.2.27b)$$

式中，$L = \sqrt{2}$ H，$C = \sqrt{2}$ F 是从式(5.2.26)综合得出的合成网络 C-E-L 的参

量。如果两个基本约束条件同时得到满足，则式(5.2.27)成立，于是 $L-L_g \geqslant 0$，$C-C_l \geqslant 0$。从 L 中一定可以分出电源电感 L_g，从 C 中一定可以分出负载电容，而网络 E 一定能够实现。如果两个约束条件有一个不能成立，则网络 G-E-L 就不能分开，网络 E 就不是物理上可实现的。例如，设负载阻抗变为 $C_l=2\mathrm{F}$，$R_l=1\ \Omega$，而电源阻抗仍然不变。在此情况下，在电源口 $\rho_g(s)$ 仍然满足约束条件式(5.2.27a)，$Z_{11}(s)$ 必然是正实函数，从它得出的 G-E-L 网络参量仍然是 $L=\sqrt{2}\ \mathrm{H}$ 和 $C=\sqrt{2}\ \mathrm{F}$。由于 $L-L_g \geqslant 0$，从 L 中仍可分出电源电感。但在负载口，因 $C_l=2\ \mathrm{F} > C=\sqrt{2}\ \mathrm{F}$，$\rho_l(s)$ 不满足尤拉约束条件($C_l \leqslant C$)，从而 $C-C_l < 0$，网络 E 包括负电容($C_E < 0$)，不可能用无源元件来实现。于是关于网络 E 可实现性的结论得到了具体的证实。

(6) 验算所实现网络的转换功率增益系数。

从图 5.2-3 可求得端口 1 的输入阻抗函数为

$$Z_{11}(s) = \sqrt{2}s + \frac{1 \times 1/\sqrt{2}s}{1 + 1/\sqrt{2}s} = \frac{2s^2 + \sqrt{2}s + 1}{\sqrt{s}s + 1}$$

利用上式可算出网络的转换功率增益函数为

$$G(\omega^2) = \frac{4R_l Z_{11}(\mathrm{j}\omega)}{|1 + Z_{11}(\mathrm{j}\omega)|^2} = \frac{4}{(2 - 2\omega^2)^2 + 8\omega^2}$$
$$= \frac{1}{1 + \omega^4} \quad (\text{二阶 Butterworth 函数})$$

从而证实了上面的设计是正确的。

5.3 双匹配网络的实频 CAD 技术

实频法(RFM)最早由 Carlin 于 1977 年提出，当时应用于任意负载与电阻性激励器之间的宽带阻抗匹配。1983 年 Carlin 和 Yarmin 将这种方法扩展到应用于任意负载与复数阻抗激励器的匹配。RFM 直接对负载阻抗 $z_l(\omega)$ 的实频数据进行处理，这些 $z_l(\omega)$ 数据既可以通过测量获得，也可以通过计算获得。另外，利用 RFM 仅仅要求执行一个优化程序，对被优化参数的控制是极其灵活的，并且它能够直接生成实现均衡器阻抗 $Z_q(\omega)$ 的无耗 LC 拓扑结构。因此，这种方法获得了广泛的应用，已成为一种应用于宽带阻抗匹配最为成功的方法。运用 RFM 要得到可实现的均衡器阻抗 $Z_q(\omega)$，通常假定其为最小阻抗(导纳)函数时，$Z_q(\omega)$ 的实部和虚部必须满足 Hilbert 变换，这就意味着一旦实部和虚部其中一个确定下来，另一个则通过 Hilbert 变换得到。如果没有这个要求，$Z_q(\omega)$ 可以简单地选择为 $z_l^*(\omega)$，这样只要满足共轭匹配就可以实现无限带宽设计。从这个角度来说，要求满足 Hilbert 变换可看作宽带均衡器设计的基本限制。这里考虑了两种方法，即采用 $Z_q(\omega)$ 为非最小电抗和优化均衡器带外阻抗的方法，这对 Hilbert 变换增加了附加的自由度，可获得较好的设计效果。

但是，直接利用实频法的困难之一是策动点阻抗综合不能控制末端阻抗，当综合 Z_{q1} 时，不能控制在其另一端口得到 Z_{q2}，反之也一样。经过适当处理后，实频法仍能处理双匹配问题。

5.3.1 双匹配网络的简化处理

考虑图 5.3-1 所示的双匹配系统，其中图 5.3-1(b) 是设想将图 5.3-1(a) 中的 N 劈分成两个子网络 N₁、N₂ 级联的等效结构。由于 N、N₁、N₂ 都是无耗的，因此系统的转换功率增益可以表示成

$$G(\omega^2) = 1 - |\rho_1(j\omega)|^2 = 1 - |\rho_2(j\omega)|^2 = 1 - |\rho(j\omega)|^2 \quad (5.3.1)$$

式中，ρ 是级联口的反射系数，它可以由级联口分别向源和负载看去的策动点阻抗 Z_g' 和 Z_l' 表示，即

$$\rho(s) = \frac{Z_g'(s) - Z_l'(s)}{Z_g'(s) + Z_l'(s)} \quad (5.3.2)$$

把式(5.3.2)代入式(5.3.1)，可得增益表达式为

$$G(\omega^2) = \frac{4\mathrm{Re}Z_g'\mathrm{Re}Z_l'}{|Z_g'(s) + Z_l'(s)|^2} \quad (5.3.3)$$

现在假设 N₁、N₂ 在级联口的单位归一化反射系数分别是 Γ_g、Γ_l，则有

$$Z_g' = \frac{1 + \Gamma_g}{1 - \Gamma_g} \quad (5.3.4)$$

$$Z_l' = \frac{1 + \Gamma_l}{1 - \Gamma_l} \quad (5.3.5)$$

代入增益表达式，经推导得

$$G(\omega^2) = \frac{(1 - |\Gamma_g|^2)(1 - |\Gamma_l|^2)}{|1 - \Gamma_g\Gamma_l|^2} \quad (5.3.6)$$

注意，上式分子的两个因子分别对应于图 5.3-2(a)、(b) 单匹配系统的转换功率增益，而分母的值随着 Γ_g、Γ_l 模值的减小而趋于 1。因此，可以通过优化图 5.3-2 的两个单匹配系统的增益而减小 Γ_g、Γ_l 模值来达到优化双匹配系统增益特性的目的。这种处理方法的物理概念是极为明显的，当两个子系统都实现了匹配时，级联口将不会产生太强的反射。

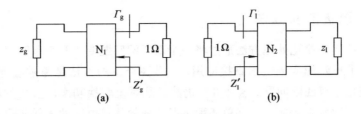

图 5.3-2 两个单匹配系统

5.3.2 单匹配实频法原理

如图 5.3-3 所示，假设待设计的匹配网络由负载端口向匹配网络方向看去的策动点阻抗为 $Z_q(s)$，并设

$$Z_q(j\omega) = R_q(\omega) + jX_q(\omega) \tag{5.3.7a}$$

$$z_1(j\omega) = r_1(\omega) + jx_1(\omega) \tag{5.3.7b}$$

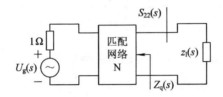

图 5.3-3 实数源匹配系统

则根据前面章节关于 S 参数性质的讨论，系统的转换功率增益为

$$G(\omega^2) = 1 - |S_{22}(j\omega)|^2 = 1 - |S'_{22}(j\omega)|^2 \tag{5.3.8}$$

式中，S_{22}、S'_{22} 分别是负载端口的归一化反射系数和电流基反射系数。容易证明

$$|S'_{22}(s)|_{s=j\omega} = \left|\frac{Z_q(s) - z_1(-s)}{Z_q(s) + z_1(s)}\right|_{s=j\omega} \tag{5.3.9}$$

将式(5.3.9)代入式(5.3.8)，得

$$G(\omega^2) = \frac{4R_q(\omega)r_1(\omega)}{[R_q(\omega) + r_1(\omega)]^2 + [X_q(\omega) + x_1(\omega)]^2} \tag{5.3.10}$$

$R_q(\omega)$ 可以用折线逼近的方法加以近似，$R_q(\omega)$ 和 $X_q(\omega)$ 都可用级数表示，级数中的变量称为电阻差额矢量。由于 $R_q(\omega)$ 和 $X_q(\omega)$ 都是电阻差额矢量的线性组合，所以增益与电阻差额矢量至多是平方依赖关系，因此，这就使我们能比较容易地优化出电阻差额矢量，以达到最佳增益。式(5.3.10)表明，采用策动点阻抗函数或导纳函数来描述匹配网络，增益函数的表达式是对称的。这就使我们可以根据具体需要来决定采用最小电抗函数或最小电纳函数来描述匹配网络，二者的处理方法完全是相同的。

5.3.3 改进的实频法

上面所述的简化处理方法通过将一个双匹配问题变成两个单匹配问题来处理，保留了单匹配实频法的直接应用。本节要介绍的方法是通过改进实频法，使其能应用于双匹配问题。这种方法仍然是从系统转换功率增益出发的。其核心是将功率增益表示成一个和单匹配情况一样的终接电阻的无耗匹配网络的策动点导抗的函数，从而仍可采用策动点综合法综合出网络。

为此，我们考虑用复数归一化反射系数表示的图 5.3-1(a)系统的转换功率增益

$$G(\omega^2) = 1 - |\rho_1(j\omega)|^2 = 1 - \left| \frac{z_g(j\omega) - Z_{q1}(-j\omega)}{z_g(j\omega) + Z_{q1}(j\omega)} \right|^2 \qquad (5.3.11)$$

与式(5.3.3)的处理方法一样，定义

$$\Gamma_g = \frac{z_g - 1}{z_g + 1} \qquad (5.3.12)$$

$$\Gamma_{in} = \frac{z_{q1} - 1}{z_{q1} + 1} \qquad (5.3.13)$$

那么我们得到一个类似于式(5.3.6)的增益表达式：

$$G(\omega^2) = \frac{(1 - |\Gamma_g|^2)(1 - |\Gamma_{in}|^2)}{|1 - \Gamma_g \Gamma_{in}|^2} \qquad (5.3.14)$$

注意到 Γ_{in} 是以 $z_1(s)$ 为终端的匹配网络 N 的策动点阻抗 $Z_{g1}(s)$ 的单位归一化反射系数，因此可画出定义 Γ_{in} 的系统，如图 5.3-4(a)所示。该图中匹配网络右端口的策动点阻抗为 $Z_q(s)$。将负载 $z_1(s)$ 用其达林顿等效来代替，并设在负载网络 N_1 右端口的单位归一化反射系数为 S_{22}，S_{22} 与将 Z_q 归一化到 $z_1(s)$ 的复归一化反射系数的关系为

$$S_{22} = B_1 \rho_1 = B_1(s) A_1(s) \frac{Z_q - z_1^*}{Z_q + z_1} \qquad (5.3.15)$$

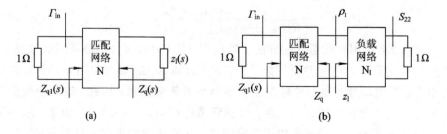

(a)   (b)

图 5.3-4 定义 Γ_{in} 的系统

式中，$A_1(s)$ 是由 $z_1^*(s) = z_1(-s)$ 在开 RHS 的极点规定的正则全通，而 $B_1(s)$

是由 $z_1(s)$ 的偶部 $\mathrm{Ev} z_1(s)$ 在开 RHS 的零点规定的正则全通，且已证明

$$B_1(s) A_1(s) = \frac{h_1(s)}{h_1(-s)} \qquad (5.3.16)$$

其中 $h_1(s)$ 的定义为

$$h_1(s) h_1(-s) = \mathrm{Ev} z_1(s) \qquad (5.3.17)$$

于是，根据图 $5.3-4$(b) 的 Γ_{in} 与 S_{22} 的对称性，可写出

$$\Gamma_{\mathrm{in}}(s) = \frac{h(s)}{h(-s)} \frac{z_1(s) - Z_q(-s)}{z_1(s) + Z_q(s)} \qquad (5.3.18)$$

由于在实频轴上，$\dfrac{h(s)}{h(-s)}$ 实际上是一个相位因子，因此有

$$\Gamma_{\mathrm{in}}(\mathrm{j}\omega) = e^{\mathrm{j}\phi(\omega)} \frac{z_1(\mathrm{j}\omega) - Z_q(-\mathrm{j}\omega)}{z_1(\mathrm{j}\omega) + Z_q(\mathrm{j}\omega)} \qquad (5.3.19)$$

这样，图 $5.3-1$(a) 双匹配系统的转换功率增益表达式 $(5.3.14)$ 在源阻抗 $z_g(s)$ 与负载阻抗 $z_1(s)$ 的实频数据已知的情况下，唯一地由一个以电阻为终端的匹配网络的策动点阻抗 $Z_q(s)$ 决定。因此双匹配系统可以与单匹配的情况一样，采用策动点阻抗综合法来综合匹配网络。

下面的问题是如何由 $Z_q(\mathrm{j}\omega)$ 来求得式 $(5.3.19)$ 中的 $\phi(\omega)$。一般地，未知的策动点阻抗作为一个正实函数可表示为

$$Z_q(s) = \frac{N(s)}{D(s)} = \frac{a_0 + a_1 s + \cdots + a_m s^m}{1 + b_1 s + \cdots + b_n s^n}, \quad n = m + 1 \qquad (5.3.20)$$

那么在实轴上有

$$R_q(\omega) = \mathrm{Ev} Z_q(\mathrm{j}\omega) = \frac{A_0 + A_1 \omega^2 + \cdots + A_n \omega^{2n}}{1 + B_1 \omega^2 + \cdots + B_n \omega^{2n}} \qquad (5.3.21)$$

将式 $(5.3.20)$ 的分子多项式和分母多项式作因式分解：

$$R_q(\omega) = h_q(\mathrm{j}\omega) h_q(-\mathrm{j}\omega) = \frac{A(-\mathrm{j}\omega)}{D(\mathrm{j}\omega)} \frac{A(\mathrm{j}\omega)}{D(-\mathrm{j}\omega)} \qquad (5.3.22)$$

从而可得

$$\phi(\omega) = 2[\arg A(-\mathrm{j}\omega) - \arg D(\mathrm{j}\omega)] \qquad (5.3.23)$$

式 $(5.3.22)$、式 $(5.3.23)$ 中的 $A(s)$、$D(s)$ 分别表示由 $\mathrm{Ev} Z_q(s)$ 的分子和分母多项式左半平面的根构成的赫维茨多项式，而 $A(-s)$、$D(-s)$ 则表示由右半平面的根构成的多项式。

由式 $(5.3.21)$ 表示的实部特性是最一般的形式，如前所述在实现时可能导致含耦合电感元件的出现。如采用只有直流和无穷零点的逼近式，则显然有

$$h_q(s) = \frac{\sqrt{A_0}(-s)^k}{D(s)} \qquad (5.3.24)$$

$$h_q(-s) = \frac{\sqrt{A_0}(-s)^k}{D(-s)} \qquad (5.3.25)$$

从而可将相位表达式(5.3.23)简化为

$$\phi(\omega) = 2\left[-\frac{K\pi}{2} - \arg D(j\omega)\right] \qquad (5.3.26)$$

根据上面的分析,可以列出求解双匹配问题的改进的实频法的算法步骤:

(1) 假定一个实部特性的有理逼近函数 $R_q(-s^2)$,通常采用形如

$$\frac{A_0\omega^{2k}}{1 + B_1\omega^2 + \cdots + B_n\omega^{2n}}$$

的形式,求出其分母多项式的根。

(2) 由 $R_q(-s^2)$分母多项式左半平面的根求出 $Z_q(s)$的分母多项式 $D(s)$,这就意味着确定了 $D(s)$的各系数 b_1,b_2,$\cdots$,b_n。

(3) 确定 $Z_q(s)$分子多项式的系数 a_1,a_2,$\cdots$,a_n。

(4) 由式(5.3.19)计算出单位归一化反射系数 $\Gamma_{in}(j\omega)$,其中 $\phi(\omega)$由式(5.3.26)求得。

(5) 由式(5.3.12)计算出 $\Gamma_g(j\omega)$。

(6) 将 $\Gamma_{in}(j\omega)$、$\Gamma_g(j\omega)$的值代入增益表达式(5.3.14),计算出增益 $G(\omega^2)$。

(7) 优化增益 $G(\omega^2)$,便可得出一个满足最优增益特性的以电阻为终端的正实策动点阻抗函数 $Z_q(s)$,其优化方法可采用线性化最小二乘法。

(8) 将 $Z_q(s)$作为一个无耗网络终端接一电阻的结构综合出来,那么这个无耗网络便是所求的匹配网络。

最后,上述算法虽是针对复数源情况而写出的,但只要令源阻抗的虚部为零,则该算法便无例外地适用于实数源的单匹配问题,因此具有更大的通用性。

习　　题

5.1　分别求 RC 串联和 RC 并联负载的传输零点,并判定归属的类别与阶次。

5.2　说明双匹配网络转化为单匹配网络的思想。

参 考 文 献

[1] 张厚. 高等微波网络. 西安：西安电子科技大学出版社，2013.

[2] 梁昌洪. 计算微波. 西安：西北电讯工程学院出版社，1985.

[3] 黄香馥. 宽带匹配网络. 西安：西北电讯工程学院出版社，1985.

[4] 宋丽川，等. 网络综合与宽带匹配. 北京：国防工业出版社，1981.

[5] 何瑶，等. 宽带匹配网络设计中的改进实频法，微波学报，2005，21(3)：9－11.

[6] 陈惠开. 宽带匹配网络的理论和设计. 增订本. 北京：人民邮电出版社，1988.

[7] 李刚. 微波滤波器的综合、仿真和计算机辅助调试研究. 西安电子科技大学博士论文，2009.

[8] BANDLER J W, ISMAIL M A, RAYAS-SÁNCHEZ J E. Neural inverse space mapping（NISM）optimization for EM-based microwave design. Int J. RF Microwave Computer-Aided Eng，2003，13(1)，136－147.

[9] CAMERON R J, FAUGERE J C, SEYFERT E. Coupling matrix synthesis for a new class of microwave filter configuration，IEEE MTT-S Int. Microwave Symp. Dig，2005，119－122.